三维设计与3D打印

基础教程

■ 王铭 刘恩涛 刘海川 著

Basic course in 3D Designer &
3D Printer

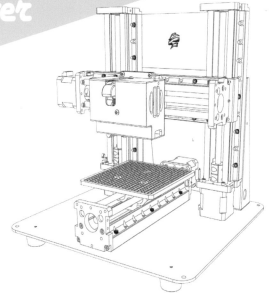

人民邮电出版社

北 京

图书在版编目（CIP）数据

三维设计与3D打印基础教程 / 王铭，刘恩涛，刘海
川著. -- 北京：人民邮电出版社，2016.6（2019.8 重印）
（创客教育）
ISBN 978-7-115-42190-6

Ⅰ. ①三… Ⅱ. ①王… ②刘… ③刘… Ⅲ. ①建筑设
计－计算机辅助设计－应用软件－教材②立体印刷－印刷
术－教材 Ⅳ. ①TU201.4②TS853

中国版本图书馆CIP数据核字(2016)第077390号

内容提要

随着 3D 打印技术和设备的普及，三维设计与 3D 打印的有效结合，为中小学多个学科的课程带来了新颖的教学方式和生动的教学内容。本书介绍了如何用三维设计软件 SketchUp 来设计简单的 3D 模型，并用 3D 打印机打印出来，是青少年进行三维设计和 3D 打印入门学习的课程用书。

本书主要分为 4 个部分，包含了生活用品改造设计、日常生活创新设计、科技原理实践设计以及创意艺术类设计等 4 个阶段性的主题，一共 13 个主题任务。本课程内容结构合理，设计科学，得到了全国多所中小学及校外教育机构相关课程的教学实践验证。

本书适合开设与三维设计和 3D 打印相关课程的中小学师生阅读，并可作为课程教材使用，也适合自学 SketchUp 三维设计和 3D 打印技术的青少年初学者阅读。

◆ 著　　　　王　铭　刘恩涛　刘海川
　　责任编辑　房　桦
　　责任印制　杨林杰
◆ 人民邮电出版社出版发行北京市丰台区成寿寺路 11 号
　邮编　100164　　电子邮件　315@ptpress.com.cn
　网址　http://www.ptpress.com.cn
　北京虎彩文化传播有限公司印刷
◆ 开本：690×970　1/16
　印张：10　　　　　　　　　2016 年 6 月第 1 版
　字数：183 千字　　　　　　2019 年 8 月北京第10次印刷

定价：45.00 元
读者服务热线：**(010)81055493**　印装质量热线：**(010)81055316**
反盗版热线：**(010)81055315**
广告经营许可证：京东工商广登字 20170147 号

本书编委会

主编：磐纹科技（上海）有限公司　　　　　　　　　　　　刘海川

副主编：北京科技大学图书馆技术部　　　　　　　　　　　刘恩涛

副主编：磐纹科技（上海）有限公司教育事业部　　　　　　王　铭

（以下按姓氏笔画排序）

上海市杨浦区教师进修学院　　　　　　　　　　　　　　王树生

上海市普陀区青少年活动中心　　　　　　　　　　　　　孔繁荣

上海市第一师范附属小学　　　　　　　　　　　　　　　叶天萍

磐纹科技（上海）有限公司　　　　　　　　　　　　　　宋建勇

上海市中原中学　　　　　　　　　　　　　　　　　　　张汉玉

上海STEM云中心　　　　　　　　　　　　　　　　　　张逸中

上海市育鹰学校　　　　　　　　　　　　　　　　　　　周　璇

上海市宝山区青少年科技指导站　　　　　　　　　　　　闻　章

上海市科技教育艺术中心　　　　　　　　　　　　　　　顾晓光

北京市东城区教育研修学院　　　　　　　　　　　　　　高　勇

北京师范大学　　　　　　　　　　　　　　　　　　　　傅　骞

上海市惠民中学　　　　　　　　　　　　　　　　　　　曾国平

浙江省温州中学　　　　　　　　　　　　　　　　　　　谢作如

江苏省常州市天宁区教师发展中心　　　　　　　　　　　管雪沨

前言

由美国新媒体联盟、学校网络联合会、国际教育技术联合会合作编写的《新媒体联盟地平线报告:2013\2014基础教育版》(The NMC Horizon Report:2013\2014K-12 Edition) 阐述了3D打印的教学运用以及对于基础教育的重要性。基础教育是为了培养青少年未来生存和工作的基本能力与素养,需要具有一定的前瞻性,让青少年能更好地适应时代发展。在提倡素质教育的今天,传统教育形式对于青少年动手能力的培养相对不足,家庭、学校都需要一种清晰直观、又能锻炼动手能力的新型教学辅助工具。3D打印机及其技术的普及为学校的创新教育提供了新的视角和技术支持。

3D打印技术应用于教学能够帮助学习者亲身感受包括发现问题、思考解决方案、物化设计等要素的"创造性学习"过程,进而获得深刻而有成就感的学习体验。亲力亲为创造作品的过程使学生获得更多的经验,激活学生学习兴趣,培养学生创新思维,提高学生的设计创造能力、动手能力、专注能力。学思联系,知行统一。

写这本教材的初衷是希望结合我们团队长期运用三维设计及3D打印的经验,探究一种能够最大限度发挥这两项技术优势的教学方式,为学生提供一种有趣、易学、实用、可拓展的学习课程。

本教材分为4个阶段,教学内容包含日常用品改造设计、生活创新物品设计、科技原理改造实践以及创意艺术设计。每个阶段以任务式教学为主导,一共13个主题任务。每个主题任务教学分两个阶段,每阶段教学课时为2~3个课时。第一阶段为任务情景导入、原理解析及设计软件功能教学,第二阶段包含实践设计作品、反思实验结果及创意拓展。我们用任务式教学调动学生积极性,通过实验、反思及拓展的递进式教学流程,培养学生通过创意和设计解决生活实际问题的能力。

本教材致力于运用三维设计和3D打印技术培养学生综合创造能力,这种能力包含动手能力、创造型思维、解决问题的能力、构想能力以及逻辑思维等多元化因素。我们希望这本教材,可以作为3D打印技术辅助于创新教学的雏形,为广大创新教育实践老师们提供一种新的教学思路参考。我们也希望有更多老师对这种教学方式提出意见与建议,帮助我们改进与完善。

接下来,请体验这种从易到难、从生活到实践再回归至生活的学习模式吧,让我们进入一个崭新、神奇的3D打印世界。

目　录

第一章　认识3D打印与SketchUp软件

第二章　生活大改造

第一节　神奇的七巧板

第二节：百变纽扣

第三节：小小挂钩

第三章 创意生活

第一节 私人订制创意小挂件

第二节：吹泡泡工具

第四章 探索科学世界

第一节 神奇的拱形桥实验

第二节 鲁班锁的秘密

第五章 创意艺术品

第一节 拉胚的奥秘

第二节 DIY定制专属相框

第三节 我的小小城市

附录 认识3D打印机的结构

认识3D打印与 SketchUp软件

想象一下：你心目中的3D打印是什么样子的？

一、什么是3D打印

3D打印（英文名3D printing）又称为增材制造，是一种新的快速成型方式。它是以数字模型文件为基础，运用金属粉末、陶瓷粉末、塑料、细胞组织等可黏结或可凝固化材料，通过一层一层打印的方式直接制造三维立体实体产品的技术。顾名思义，就是通过一点点增加材料，堆叠成一个想要的物件的样子。

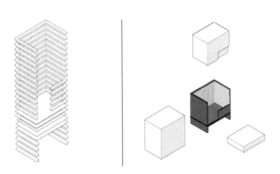

知识拓展：

快速成型方式除了增材制造（3D打印），还有减材制造和等材制造。

减材制造：就是在原有物体的基础上进行切割、雕刻等操作，减少材料本身形成的新物体，通常用在工厂加工机器零部件上。例如，有一块长方形的面包吐司，如果把边缘的吃掉变成了一个圆形或者小花的形状就是减材制造。

等材制造：就是运用相同量的材料制作出不同的物体；像小朋友玩橡皮泥，可以随意变化它的形状，捏成可爱的小鸭子、小猪或者人们住的房子。

二、3D打印有哪些分类

3D打印根据打印物体的使用方法、材料不同，划分为若干种，生活中常见的有4种。就像葫芦娃里面，每个葫芦娃的本领各不相同。

第1种：熔丝堆叠法，又称熔融沉积成型法（简称FDM）。

美国学者Scott Crump先生在1988年提出该方法。它是将丝状的材料加热融化，根据要打印物体的截面轮廓信息，将材料选择性地涂在工作台上，快速冷却后形成一层截面，一直重复以上过程，直至形成整个实体造型。

这种打印方式主要使用的材料是一种PLA，以玉米、木薯等为原料提取的，绿色

环保，无气味，无污染。这是现在最常用的成
型法，也是我们课程应用的一种方式。

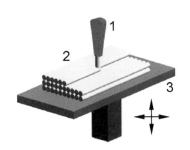

第2种: 树脂固化法，又称为立体光固化成型法（简称SLA）。

在盛满液态光敏树脂的容器中，液态光敏
树脂在紫外激光束的照射下快速固化成想要的
形状。

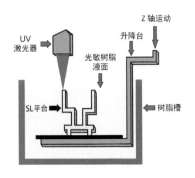

第3种: 激光烧结法，称为选择性激光烧结法（简称SLS）。

将材料粉末铺洒在已成型的零件表面，并
刮平；激光束在计算机控制下根据分层截面信
息进行有选择性的烧结，一层完成后再进行下
一层烧结，全部烧结完后去掉多余的粉末，就
可以得到一层烧结好的零件，并与下面已成型
的部分黏接；当一层截面烧结完后，铺上新的
一层材料粉末并重复以上打印步骤，直到完成
打印。

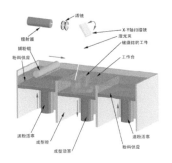

第4种: 三维印刷（简称3DP）

和上一种SLS很相似，只是通过这种方式可以打印出彩色的物品。

三、3D打印发展现状

目前，3D打印在各行业领域的应用情况如下图所示。

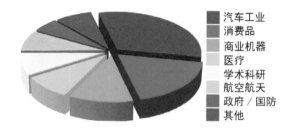

汽车工业
消费品
商业机器
医疗
学术科研
航空航天
政府／国防
其他

　　如今3D打印在国外市场已初具规模。3D打印技术目前约有50%都应用在消费品、电子、汽车等领域，应用方式主要为设计原型及生产过程中的模具加工。在医疗生物领域，3D打印同样大有可为。根据美国组织Amputee Coalition的统计，目前美国正有约200万人使用3D打印假肢。此外，目前3D打印机还能打印出真正的房子、衣服、鞋子、食物等。而国内3D打印技术研发水平较国外而言仍有较大差距。目前，我国3D打印正处于导入期，技术也处于一个优化升级的过程，应用面会随着整体技术的推进而不断扩展。

　　下图为3D打印技术在部分领域的具体应用。

　　"只有想不到，没有做不到。"通过发挥自己的创造性，人们能用3D打印技术制造出各式各样的物品。

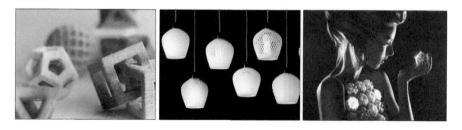

四、3D打印技术的原理

3D打印，也就是常说的增量制造，"打印"一个物品的过程就像用砖砌墙。其工作原理很像"打印"，但它用到的不是墨水，而是更多具有实体的材料，比如：塑料、金属、橡胶等类似的材料。除了用料之外，3D打印技术与传统打印技术的另一个重要区别就是：3D打印首先需要进行数字化三维模型构建，传统打印技术并不需要构建数字化三维模型。

3D打印机的精确度可以相当高，能打印出模型中的大量细节，而且它比起铸造、冲压、蚀刻等传统方法能更快速地创建原型，特别是传统方法难以制作的特殊结构模型。一般来说，3D打印的设计过程是：先通过计算机建模软件建模，再将建成的三维模型"分区"成逐层的截面，即切片，从而指导打印机逐层打印。具体流程如右图所示。

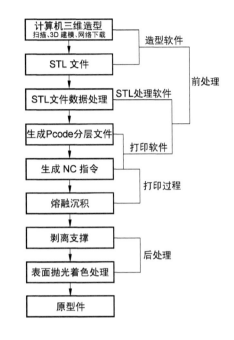

3D打印模型的获取

模型的获取可以通过3种方式：三维建模，三维扫描和网络下载已完成设计的模型。在建模软件方面，既有专业化商业建模软件，如SolidWorks、Creo 2.0等，也有丰富的免费建模软件，如SketchUp、Blender、TinkerCAD等。此外，可以通过goSCAN之类的专业3D扫描仪或是Kinect之类的DIY扫描设备获取对象的三维数据，并且以数字化方式生成三维模型。

分层切片，逐层打印

将所获取模型的数据文件存入存储卡中，打印机通过读取文件中的横截面信息，用液体状、粉状或片状的材料将这些截面逐层地打印出来，再将各层截面以各种方式黏合起来从而制造出一个实体。

在切片的过程中，我们需要设置参数。准确的参数设置可以帮助我们打印出更美观的模型，以切片软件Pango为例，我们来学习一下参数设置相关的小知识。

第一步：载入模型库模型。

第二步：关键参数设置及认知。

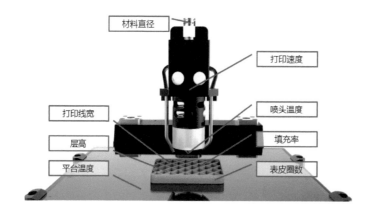

（1）层高：层高影响模型纵向的细腻程度，层厚越小，表面越平滑，但打印时间也越长。

（2）打印速度：打印速度影响模型成型时间，随着速度的增加，模型表面质量会随之降低，应在成型时间与打印质量之间取平衡。

（3）打印线宽：打印线宽（喷嘴尺寸）由打印机喷嘴尺寸所决定，影响模型表面细腻程度，线宽越小，表面越平滑，但打印时间也越长。

（4）材料直径：材料的实际直径与切片时的设置参数越接近，模型的成型量越准确。若实际直径偏大，会造成挤出过多；实际直径偏小，会造成挤出偏少。

（5）表皮圈数：表皮圈数以及上下表面层数，影响模型的外表面坚硬程度。

（6）填充率：填充率影响模型内部强度，填充率越高，模型打印时间约长。

（7）喷头温度：喷头温度（打印温度）影响材料熔融程度，温度越高，材料融化越充分，但容易导致冷却过缓，造成模型塌陷；温度过低，材料融化不充分，又会导致挤出不畅，造成模型断层或无法成型。（通常，PLA材料打印温度为195～205℃。）

第三步：切片参数设置完成，保存Pcode文件。

五、3D打印在教育行业的应用

由于3D打印在制造工艺方面的创新，它被认为是"第三次工业革命的重要生产工具"。3D打印技术最早出现在20世纪90年代中期，过去常在模具制造、工业设计等领域被用于制造模型，现正逐渐用于一些产品的直接制造。尤其在飞机、核电和火电等使用重型机械、高端精密机械的行业，3D打印技术"打印"的产品是自然无缝连接的，结构之间的稳固性和连接强度要远远高于传统方法。并且，由于其速度快、高易用性等优势，3D打印如今在珠宝、鞋类、工业设计、建筑、工程和施工（AEC）、汽车，航空航天、牙科和医疗产业、地理信息系统、土木工程等众多领域都有所应用。

在教育领域，3D打印也开始崭露头角。新媒体联盟(New Media Consortium，NMC)在2013年地平线报告（基础教育版）中首次将3D打印技术列为教育领域未来4～5年内待普及的创新型技术。Stratasys的首席执行官David　Reis说：也许使用3D打印机最多的领域是教育，因为教育是所有行业的开端。我们需要训练学生如何掌握这个行业和领域的技能，如何使用这些工具。那么，3D打印在教育领域到底有着怎样的发展潜力呢？

1．3D 打印技术在国外教育领域的应用实践

近几年来，3D打印技术在美国教育教学领域的应用正引起越来越多的重视。

弗吉尼亚大学科技和教育中心主任格兰·布尔正在将3D打印机带入课堂，教幼儿园的孩子们如何设计和打印弹弓。"我们认为，美国的每个学校都将在未来几年里在课堂上配备3D打印机。"格兰·布尔说。美国国防高级研究计划局制作实验和拓展项目计划在美国高中推广3D打印机。该项目旨在培养高中生的工程技术及相关技能。美国华盛顿格拉希尔山高中的学生使用具有计算机辅助设计功能的3D打印机来快速进行原型设计，他们还因此获得大学的学分。在FullSail大学，学生们使用该技术制作3D漫画人物，他们利用三维软件设计人偶并打印出塑料模型。美国弗吉尼亚大学的学生通过3D打印技术制造出一架模型飞机并成功试飞，飞机的所有零部件都是通过3D打印制造的（见下图）。

弗吉尼亚大学的Steven和Jonathan通过3D打印技术制造的无人驾驶飞机

2. 3D打印技术在教育领域应用的启示

2.1 在教育教学中的作用

学科/领域	主要功能
数学、地理、化学、生物、医学、力学	可视化，加深对抽象的概念、原理和知识的理解
工程设计、建筑设计	速成模型，检测设想
平面设计、食品	激发想象力，创新表现形式
历史、考古	复原珍稀的物品

由上表可以看出，3D打印在教育教学中充分发挥了其助推器作用。大致总结为以下三点。

（1）作为教育教学辅助用具，提高教学效率，促进学习效果。

3D打印机基本不受图形限制，可打印出任意复杂结构的教学模型，弥补了现今教学中缺乏立体模具的缺陷。因此，在很多学科的教学中，3D打印技术都起到了功不可没的作用。比如，数学学科中抽象的立体几何图形、化学学科中复杂的分子结构、地理学科中星球的相对位置关系等，都可以通过3D打印技术而得到很好的展示。

（2）营造真实的问题情境，提高学生的学习参与度和实践能力。

对于工程设计、建筑设计等专业的学生来说，他们通常只是在电脑上完成图稿设计，根本无法使其变成实物而应用于现实实验、测试和探究中，导致学习效果大打折扣。3D打印技术的介入使得这一问题情况得到缓解。它能够帮助学生完成模型的制造，并得以模拟真实的问题情境。

（3）激发学生想象力，提高其高阶思维能力。

高阶思维能力是当代对人才素质提出的新要求，国内著名学者钟志贤教授将高阶思维能力定义为一种较高认知水平层次上的能力，并结合知识时代对人才素质结构要求的分析将其分为问题求解、决策、创新、批判性思维、信息素养、团队协作、兼容、获取隐形知识、自我管理和可持续发展等十种能力。

2.2 教学应用模式构建

根据对3D打印技术在教育教学中作用的分析，其教学应用模式可考虑以如下方式构建。简而言之，在"3D打印教育"中，技术本身可以作为教学目标和学习内容，教师和学生都应学会如何设计、如何建模和如何使用3D打印机。在此基础上，一方面，教师才能利用3D打印技术制作出各种教学辅助模具。另一方面，学生才可能有效地利用该技术进行问题情景模拟和创意设计。

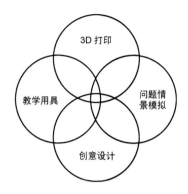

基于3D打印技术的教学应用模式

2.3 用于制作教学辅助用具

当前，教学工具和仪器一般由专门的教学设备制作机构制作发行，更新慢；多媒体课件中展示的教学内容模型也无法使学生直接接触和观察教学实体对象。3D打印技术的引入为教师自行制作教学模具提供了方便。教师在课堂上展示其制作的教学模具，学生也可以观察、触摸和组装这些教具。通过这种方式，一来提高了教师的教学效率，二来促进了学生的学习效果。

2.4 实现问题情境模拟

作为一种通用的技术，3D打印可以应用到大部分的学科中去，涵盖正式学习、非正式学习和培训等类型的教育，尤其适用于设计、工程相关领域或是需要快速制作模型的领域。3D打印技术介入课堂教学，能够帮助学生通过模型制作更好地还原真实的问题情境，从而加深其对抽象概念或原理的理解，促进知识结构的构建。例如，在某个案例中，学生将数学中的等值曲面转化成三维模型，并打印出可用于课堂教学的实物。在此情境中，学生对所学内容可获得更为直观的感受，加速学习的进程并提高学习的效率。

2.5 创意设计

3D打印技术引入教育教学中，亦能助力国内教育体制的改革。有了3D打印机的帮助，学生们更能大胆想象、设计出各种创意模型。这一方面有助于学生对其专业知识的学习、掌握，另一方面能使学生在其自主学习中提高创造性思维能力。美国早在几年前就为各级各类院校引进了3D打印机，用于培养学生自主创新、探索能力，发展得如火如荼，学生对该设备也表现出了极大兴趣。在中国，也有类似的例子。例如，上海市静安区青少年活动中心购买了3D打印全套设备，并定期开设相关课程，免费供有兴趣的学生学习三维设计和计算机辅助制造，打印自己设计的机械零件等。

3. 3D打印技术教育应用理论依据

3.1 "经验之塔"理论

戴尔在其1946年所著的《教学中的视听方法》一书中提出的"经验之塔"理论融合了杜威的教育理论和当时流行的心理学观点，成为以后视听教学的主要理论的核心。"经验之塔"是构成戴尔《教学中的视听方法》全书的基本构架，是一种关于学习经验分类的理论模型，比视听教学运动初期所有分类方法都更有实用价值。

根据"经验之塔"理论，学生通过学习活动所获得的经验分为三类：做的经验，观察的经验和抽象的经验（如下图所示）。

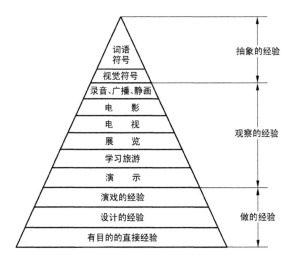

戴尔的"经验之塔"理论

在"经验之塔"中，从塔底到塔顶，经验逐渐由具体变得抽象，排成一个序列。教学活动应从具体经验入手，逐步进入抽象经验。在学校教学中使用各种媒体，可以使教学活动更具体，也能为抽象概括创造条件。位于"塔"的中间部分的那些视听教材和视听经验，比上层的言语和视觉符号具体、形象，又能突破时空的限制，弥补下层直接经验的不足。3D打印技术作为一种多媒体技术的延伸而被引入教学活动中，一方面使得学生能有更多机会自己动手操作、创作，丰富其"做"的直接经验；另一方面，用3D打印模型作为教学辅助用具，使得学生在观察学习的同时，丰富了其观察的经验和抽象的经验，拓展了其感觉和知觉，促进了其思维能力的进一步发展。

3.2 建构主义学习理论

建构主义，其最早提出者可追溯至瑞士的皮亚杰。他是认知发展领域最有影响的一位心理学家，所创立的关于儿童认知发展的学派被人们称为日内瓦学派。皮亚杰关于

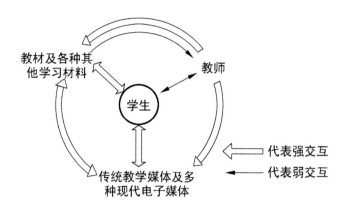

以学生为中心的教学结构

建构主义的基本观点是，儿童是在与周围环境相互作用的过程中，逐步建构起关于外部世界的知识，从而使自身认知结构得到发展的。根据建构主义理论，学习知识不应该和活动情境分离而独立、抽象存在，而应多与社会实践活动结合起来。尽管建构主义理论的内容很丰富，但其核心只用一句话就可以概括：以学生为中心，强调学生对知识的主动探索、主动发现和对所学知识意义的主动建构(而不是像传统教学那样，只是把知识从教师头脑中传送到学生的笔记本上)。

根据建构主义学习理论和维果斯基的最近发展区学习理论，在教学活动中引入3D打印技术，一方面大大增加了学生在学习活动中自己动手操作和独立思考的机会，使其学习变得更加主动；另一方面，融合了3D打印技术的课程设计采取了循序渐进的原则，符合学生的认知水平的发展规律，形成了合理的内在良性循环。

3.3 学习动机理论

学习动机指的是学习活动的推动力，又称"学习的动力"。学习动机理论认为，人的某种学习行为倾向完全取决于某种学习行为与刺激物之间因强化而建立的牢固联系，动机被看作是由外部刺激引起的一种对行为的推动力量，并用强化来解释动机的引起和作用。如果将融合了3D打印技术的教学活动看作刺激物，学生的学习行为则很可能得到强化。因为将3D打印应用于教学中，往往使得教学方式更加有趣、更加灵活。

当然，学生的学习动机不仅受上述各种因素的强化，也可能受其内部需求激发。如今，3D打印的教学方式是一种新的教学方式，其带来的新鲜元素固然会激发起学生的学习兴趣。另一方面，这种教学方式所带来的益处，可能使得学生产生学习的强烈需求，即心理需求。心理需求又称成长性需求，成长性需求的强度因获得满足而增强。也就是说在成长需求之下，个体所追求的目标是无限的，成长性需求永远也得不到满足。实际上，求知和理解世界的需要满足得越多，人们学习的动机就越强。而3D打印技术在教学活动中的引入，使得学生学习需求得到满足的可能性大大提高了。

六、认识SketchUp软件

SketchUp（又名谷歌草图大师）是一个极受欢迎并且易于使用的3D设计软件，官方网站将它比喻为电子设计中的"铅笔"。它的主要特点就是使用简便，人人都可以快速上手。

SketchUp软件简单、易学，以图形的方式进行建模，具有独特简洁的界面，中小学生可以在短时间内掌握使用。该软件可以利用简单的图标进行作图，具有方便的推拉功能，中小学生通过对一个平面图形的推拉就可以方便地生成3D几何体，无需进行复杂的三维建模。SketchUp可以快速生成任何位置的剖面，使用户可以更清楚地了解模型的内部结构，可以随意生成二维剖面图，并且可简便地进行空间尺寸和文字的标注，让使用者树立度量意识。

在SketchUp界面中，中小学生不需要学习种类繁多、功能复杂的指令集，因为SketchUp有一套精简而强健的工具集和一套智慧导引系统，大大简化了3D绘图的过程，让使用者专注于设计本身。因此，SketchUp是一套设计的环境，不需要在教育训练与支援上做巨大的投资，就能够动态地、创造性地探索3D模型或材料、灯光的界面。

1. 功能特色

（1）独特简洁的界面，可以短期内掌握使用。

（2）适用范围广阔，可以应用在建筑，规划，园林，景观，室内及工业设计等领域。

（3）方便的推拉功能，通过一个图形就可以迅速生成3D几何体，无需进行复杂的三维建模。

（4）快速生成任何位置的剖面，使设计者清楚地了解建筑的内部结构，可以随意生成二维剖面图，并可快速导入AutoCAD进行处理。

（5）与AutoCAD、Revit、3D MAX等软件结合使用，快速导入和导出JPG、3DS等格式文件，实现方案构思、效果图与施工图绘制的完美结合，同时提供与Auto-CAD等设计工具接驳的插件。

（6）自带大量门、窗、柱、家具等组件库和建筑肌理边线需要的材质库。

（7）轻松制作方案演示视频动画，全方位表达设计者的创作思路。

（8）具有草稿、线稿、透视、渲染等不同显示模式。

（9）准确定位阴影和日照，设计师可以根据建筑物所在地区和时间实时进行阴影和日照分析。

（10）简便地进行空间尺寸和文字的标注，并且标注部分始终面向设计者。

2. 丰富的SketchUp组件资源

SketchUp软件同3D MAX等三维制作软件一样，有丰富的模型资源，在设计中可以直接进行调用、插入、复制等编辑任务。

同时，SketchUp软件还建立有庞大的3D模型库，集合了来自全球各个国家的模型资源，形成了一个很庞大的分享平台。现在，设计师们已经将SketchUp及其组件资源广泛应用于室内、室外、建筑等多领域中。

第二章

生活大改造

第一节 神奇的七巧板

　　七巧板是中国传统益智游戏的经典。但是同学们都不知道，七巧板还有很多创新的玩法，比如T字之谜、十五巧板、八巧板。今天的课程主要讲的是如何设计一块七巧板，并通过自己的创造力，设计一副配合标准七巧板的个性化巧板。创意和传统的结合能带来什么样的惊喜呢？大家一起来试试看吧！

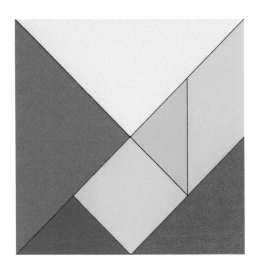

一、七巧板的秘密

【简介】

　　"七巧板"（英文名tangram）又称七巧图、智慧板，是一种古老的汉族传统智力游戏，顾名思义，是由7块板组成的。七巧板变化多端，据了解可拼成1600种以上的图形。例如：三角形、平行四边形、不规则多边形。此外，玩家也可以把它拼成各种人物、动物形象、桥、房、塔等，也可以是一些中、英文字母。

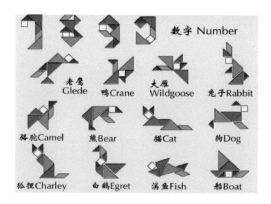

　　七巧板起源于中国古代，由汉族劳动人民发明创造，其历史至少追溯到公元前一世纪，到了明代基本定型；明、清两代民间广泛流传，清陆以湉《冷庐杂识》卷一中写道："近又有七巧图，其式五，其数七，其变化之式多至千余。体物肖形，随手变幻，盖游戏之具，足以排闷破寂，故世俗皆喜为之。"

　　李约瑟说它是东方最古老的消遣品之一，至今英国剑桥大学的图书馆里还珍藏着一部古书《七巧新谱》。七巧板是我们祖先的一项卓越创造。19世纪初，七巧板流传到西方，被人们称为"东方魔板"。

知识百科：

【七巧板组成】

七巧板是由下面7块板组成的，完整图案为一个大正方形，包含5块等腰直角三角形（2块小号三角形、1块中号三角形和2块大号三角形）、1块正方形和1块平行四边形。

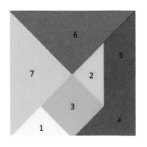 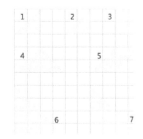

二、七巧板基础设计

想制作一副自己的七巧板吗？传统的工匠使用画笔、尺子与画纸（画布）等工具设计七巧板；随着科技的发展进步，我们现在可以使用设计软件与3D打印机快速设计制作出自己独一无二的七巧板。

我们推荐使用的软件为"Google SketchUp"（谷歌草图大师），用它来设计七巧板十分简单、快捷、方便，还可以随意变化颜色。七巧板是由不同的图形扁块组成的益智玩具，有了3D打印技术的帮助，我们可以自己设计并打印出七巧板啦！

下面大家一起学习用"Google SketchUp"（谷歌草图大师）软件来设计并制作专

软件知识点：

画线、长方体、偏移、推拉、橡皮擦、不同视角预览等工具。

属自己的七巧板吧！

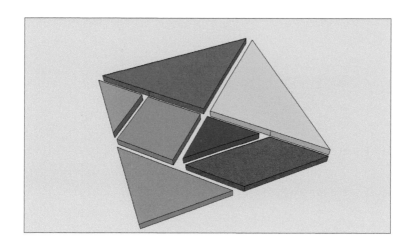

三、建模步骤(边学边做)

第一步：制作做好准备工作，将谷歌草图软件中我们常用的工具全部调取出来。

（1）在菜单栏中单击【视图】按钮，把鼠标移到【工具栏】的选项上，如下图所示——把需要的工具栏中的【开始】【大工具集】【视图】【度量】【标准】【视图】【大按钮】选项单击进行选择，选项前有"✓"的图标表示选择成功。

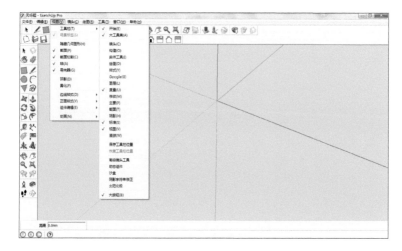

（2）先仔细观察一下，七巧板是由两个相同面积的大号等腰直角三角形、两个相同面积的小号等腰直角三角形、一个中号等腰直角三角形、一个正方形以及一个平行四边形组成的。

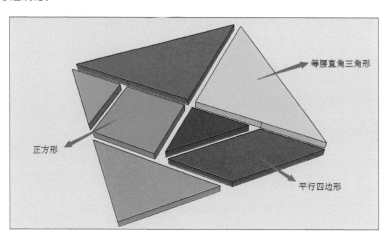

第二步：视角工具，缩放范围及矩形工具应用

（1）我们已经了解了七巧板的组成，现在我们开始设计七巧板吧，首先我们先要用到【视图工具】。在菜单栏的下方，有一排小房子的图标 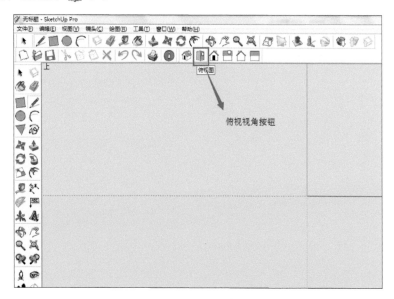，它们就是视图工具，我们可以用这些图标准确地转换设计物品的不同视角。我们先单击选择【俯视图 】。

（2）运用【矩形工具 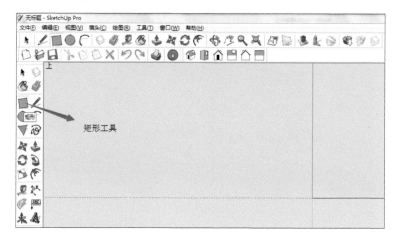】进行画图，在左边的大工具集上有个正方形图标，单击这个【矩形工具 】。

（3）单击完【矩形工具 】后会发现图标变成了铅笔形状，接下来我们就可以画图啦。在画图区域的中心部分，随意点1个点，以45°角进行推移，就会发现1个正方形正在形成。在推移的过程中，在键盘上输入数字"50，50"并按下回车键，1个50mm×50mm的正方形就画好啦！

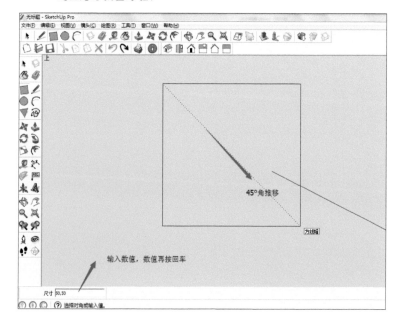

（4）有时在输完数值按回车后，出现看不到正方形的情况；这是因为软件的视角距离过大，我们可以单击菜单栏的【缩放范围 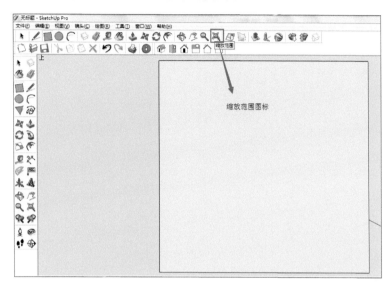】，这个 会把正在画的图案拉至画图界面中心，这样就可以看到自己画的正方形了。

（5）选择【视角工具】中的【等轴 】选项，我们可以看见视角的变化。

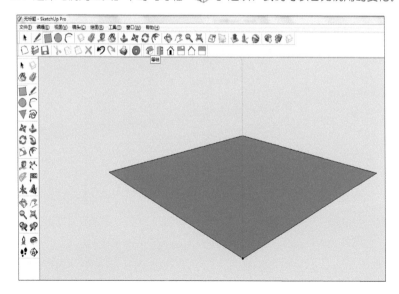

第三步：线条工具的应用

现在我们回到【俯视 📖】角度，用【线条工具 ✏️】完成七巧板的图形划分。如下图所示，当你选择【线条工具 ✏️】时鼠标变成铅笔形状，接下来就可以进行绘图了。当你把鼠标移动到一条边的中心(蓝点)或者端点（绿点）附近时，软件会自动识别。让我们来画出以下图形吧。

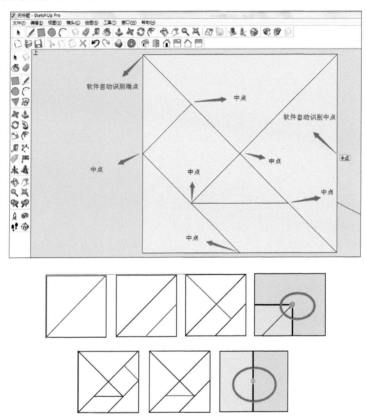

第四步：偏移工具的应用

（1）现在已经有了七巧板的样子，不过它还是一整块方形图案，如何把它们分开呢？下面要用到的【偏移工具 🌀】可以把图案同比例缩小，这样，我们就能分开七巧板了。

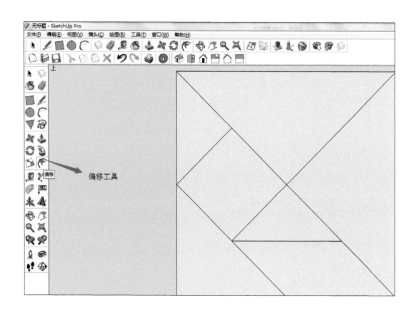

（2）单击【偏移工具 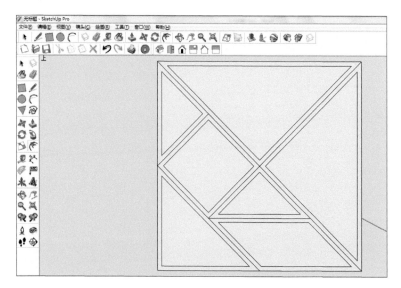】，选择需要形成缩小图形的一条边，然后向图形
内部进行推移。在推移过程中，在键盘上输入需要推移至内部的距离，这里我们选
择"1mm"。

（3）接下来也用同样的方法，将其他剩余部分的图案进行偏移。

（4）这时候我们会发现，虽然图形都缩小了，但还是连在一起的。那么接下来我们就要运用【擦除工具 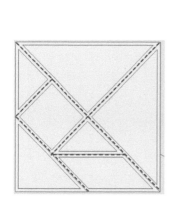】——类似橡皮擦，把这些图形分开。单击【擦除工具 】，擦去想去除的线条（如图所示，擦除红色虚线部分）。

（5）单击【擦除工具 】，擦去大正方形外的4条线（如图所示，擦除红色虚线部分）。

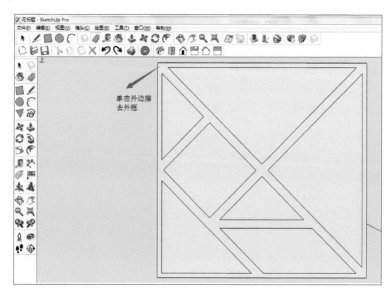

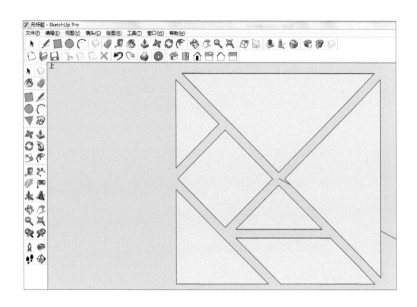

第五步：拉伸工具的应用

（1）现在图形已经分开了，下面我们需要用到【推/拉工具 】把平面的图形变成立体。我们先转到【等轴视角 】，再单击【推/拉工具 】，鼠标就会变成拉伸工具的图标，接下来单击一个面，向上进行拖曳，拖曳过程中，在键盘上输入"2mm"。立体的图形就完成啦。

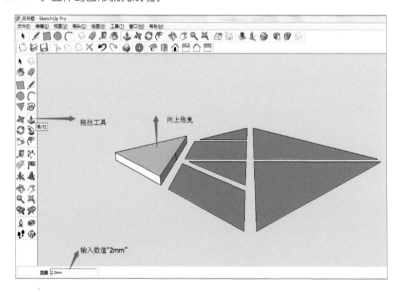

（2）依次推拉好7个图形，这样整个七巧板就完成啦！

小窍门：

当有一个图形推高2mm后，其他的图形在推拉过程中单击完成的那个图形表面，不需要输入数值就可以推高到相同高度。

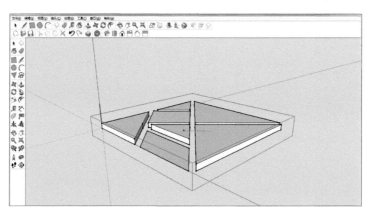

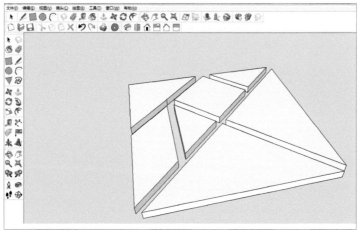

第六步：颜料桶工具的应用

单击【颜料桶工具 】，选取【指定颜色】或者其他，选中框内颜色就可以使用颜料桶帮助七巧板上颜色了。

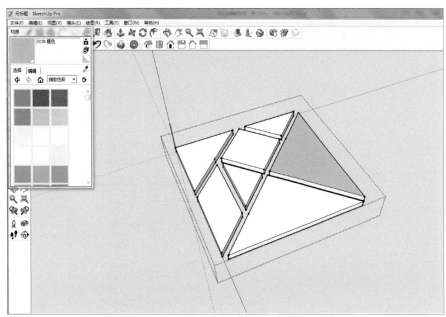

打印出来的七巧板

四、七巧板拓展

拼拼看

开动脑筋、发挥想象力、动动手。

创意天地

——十五巧板、T字之谜

随着七巧板被广为流传，人们也开始不断通过新的创意改变着七巧板，制作出了四巧板（又称T字之谜）、五巧板、八巧板、十五巧板等。神奇的七巧板还被诸多设计师运用到其他地方，成为生活息息相关的一部分，而不仅仅是一种游戏。感兴趣的话，我们可以多动手收集资料，尝试自己设计一个独一无二的七巧板哦。

——巧板妙用的故事

宋朝有个叫黄伯思的人，对几何图形很有研究。他热情好客，发明了一种用6张小桌子组成的"宴几"——请客吃饭的小桌子。后来有人把它改进为7张桌组成的宴几，可以根据吃饭人数的不同，把桌子拼成不同的形状，比如3人拼成三角形，4人拼成四方形，6人拼成六方形……这样用餐时人人方便，气氛更好。后来世代相传，人们都称此桌为"七巧桌"。

——生活创意应用

如今七巧板在设计大师手里，可以变身为时尚又有趣的图案、形象、桌椅、书架、礼盒等。利用色块拼接、直线划分结构，可以组成各式各样的美丽、时尚的物品。

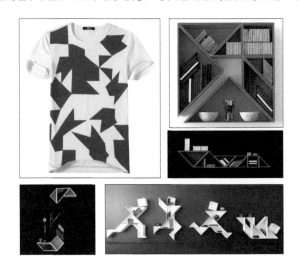

五、小小创客任务榜：创意七巧板

小组拓展练习（个性七巧板）

任务：开动脑筋，根据上面介绍的各式七巧板，大家想想还可以制作出一个什么样的奇妙七巧板。把它们通过SketchUp软件画出来，并用3D打印机打出来。然后再想想，它们可以应用在什么方面呢？衣服？挂饰？遇到什么问题请大胆提出来。

课外练习

如今有很多七巧板App、七巧板电脑益智小游戏等，有了它们，我们也可以随时随地动手创作。

小创客们完成任务了吗？完成以后，在下表记录自己的创作感受吧！（在有选项的地方打钩，没有选项的地方填写）

大家完成任务了吗？完成以后，在下表记录自己的创作感受吧！（在有选项的地方打钩，没有选项的地方填写）

创客成路记录表			
创作体验感受	你对你的设计满意吗	你最喜欢谁的作品	课程内容全部学会了吗
非常赞	非常赞		融会贯通
可以更好	可以更好		基本知道
一般般	一般般		学会皮毛

第二节 百变纽扣

一、纽扣的概况

【简介】

纽扣，衣服上用来扣合的球状或片状小物件，最早起源于古罗马。最初的纽扣是用来做装饰品的，而系衣服用的是饰针。13世纪开始，人们开始在衣服上开扣眼，这种做法大大提高了纽扣的实用价值。16世纪，纽扣才得到了普及。

在我国的服饰发展史上，纽扣很早便是人类常相伴守的生活服装用品、衣服上最主要的系结物。对它的使用，已经有6000多年的历史。最初的钮扣主要是石纽扣、木纽扣、贝壳纽扣，后来发展到用布料制成的带纽扣、盘结纽扣。贵族皇族有玉石、琥珀等精贵材质纽扣。

纽扣中比较知名的一种便是盘花扣，也称为盘纽、盘扣。它由古代中国汉族发明，是古老中国结的一种，是中国人对服装认识演变的缩影，是中国民族服饰的代表性部件之一，称得上是中国传统的一种符号。

 知识百科：

我国古代用长长的衣带来束缚宽松的衣服，元明以后，渐渐用盘扣来连接衣襟，用布条盘织成各种花样，称为盘花。盘花的题材都选取具有浓郁民族风情和吉祥意义的图案。盘扣的花式种类丰富，有模仿动植物的菊花盘扣、梅花扣、金鱼扣、盘结成文字的吉字扣、寿字扣、囍字扣等，也有几何图形的。

盘花扣的作用在中国服饰的演化中改变着，它不仅仅有连接衣襟的功能，更被称为装饰服装的点睛之笔，生动地表现着中国服饰重意蕴、重内涵、重主题的装饰趣味。

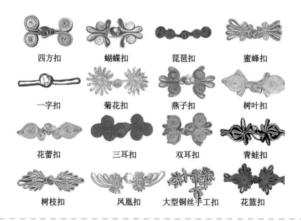

【纽扣的类型】

看一看，想一想

大家觉得将下列纽扣进行分类的话，可以怎么分呢？为什么？可以相互讨论哦。

纽扣根据材质分类的话有无数种，例如木质、金属、贝壳、塑料等。

按孔眼分类的话可分为3种：

第一种：明眼扣，特点是直接通接纽扣正反面，一般有两眼扣、四眼扣等。

第二种：暗眼扣，一般在纽扣的背面才能看到穿孔或者两个凹凸扣组合。

第三种：高脚扣，在纽扣背面有个高起的柄，柄上有个穿孔。

二、纽扣基础设计

软件知识点：

画圆、圆形的拉伸、穿孔等工具。

下面我们就要用之前学习的软件"Google SketchUp"（谷歌草图大师）来制作我们的纽扣啦。

三、建模步骤(边学边做)

第一步：使用圆形工具⚪。在左侧大工具集中单击【圆形工具⚪】进行选择，在【俯视角度▣】上画出一些圆，作为练习。

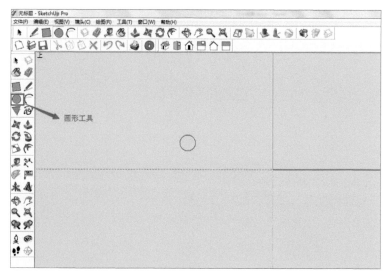

第二步：画出基本型。单击选择【圆形工具●】，在【俯视角度▯】下画出一个半径为30mm的圆形。选取【圆形工具●】，确定好圆心后在尺寸输入栏填写"30"，然后按下回车键，大圆形就画好了。

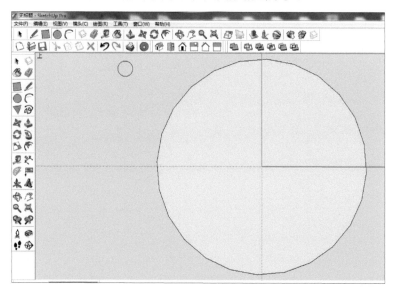

第三步：选取【偏移工具🖝】单击大圆形，向内推的动作中在距离输入框中填上"10"并回车；向内偏移10mm的纽扣基本型同心圆就画好了。

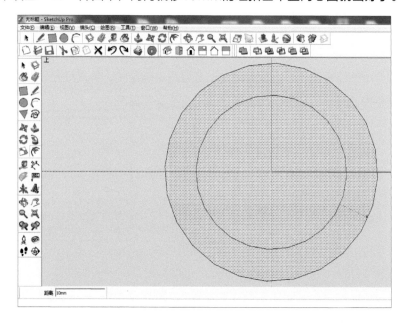

第四步：切换到【等轴视图 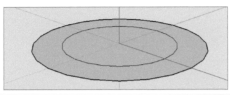】，使用【推/拉工具 ☝】将内部圆形向上推拉8mm，即选取【推/拉工具 ☝】单击内圆，向上拉伸，在尺寸输入区域填写"8"后按下回车键确定。

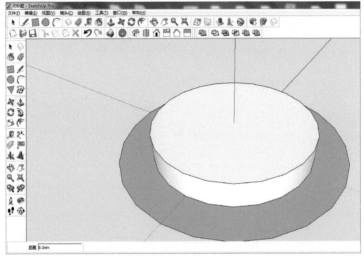

第五步：切换到【俯视角度 ▯】，先用【卷尺工具 ✎】找到圆心位置；再连接边缘的绿色提示点，就会产生一条虚线条辅助线；再根据圆心点找一个相垂直的点连接。这样，两条辅助线（虚线）就画好了。

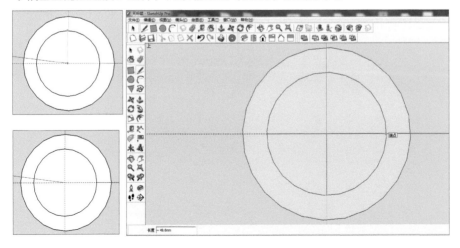

第六步：切换到【等轴视图 📦】，将外圆使用【推/拉工具 ⬆】向上推8mm和内部圆的厚度一样高时，停顿住；再向上推拉，在尺寸区域输入"2"后按回车键即可。这样，外圆整体就高出内圆2mm。

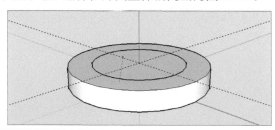

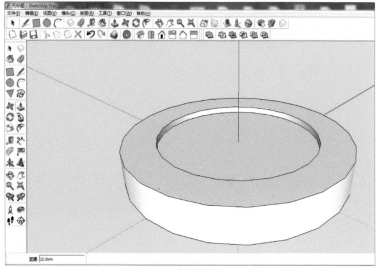

第七步： 按住【环绕观察工具 🔄】旋转模型。从下面观看纽扣的底部是镂空的，需要使用【线条工具 ✏】将底部任意画一道线，将底部封起来。随后再将画出的线条用【擦除工具 🧽】去掉，再使用【推/拉工具 ⬆】将底部内圆向上推2mm即可。

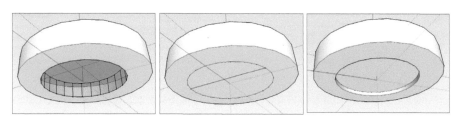

第八步：恢复到【俯视角度 ▯】状态，单击【偏移工具 ☞】，选取内圆，向内偏移10mm。之后以小圆和辅助线的焦点为圆心，画出半径为5mm的4个小圆。

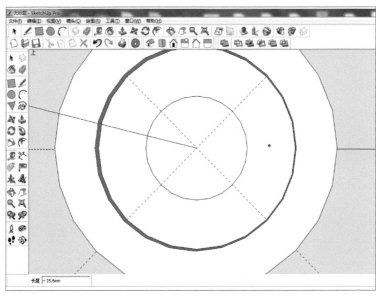

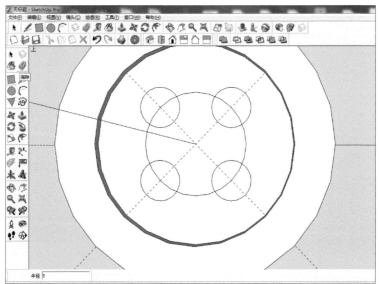

第九步：用橡皮擦去掉蓝色的小内圆，选择【推/拉工具 ▲】，将4个小圆向内推6mm，纽扣的穿孔就完成了。

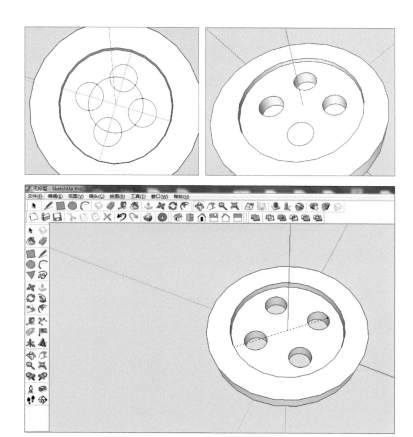

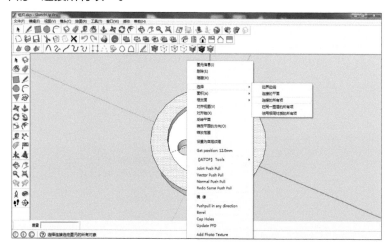

第十步：把鼠标放在图形上，单击右键，在弹出的对话框中，选中"选择"中的"连接所有项"。

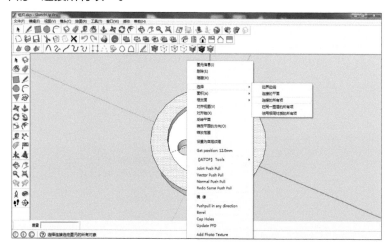

第十一步：单击鼠标右键，在弹出的对话框中，选择"创建组件"，使整个纽扣图形形成一个整体。

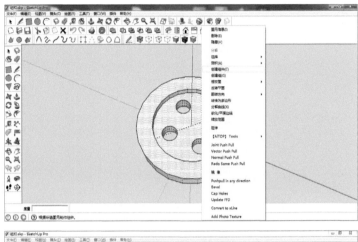

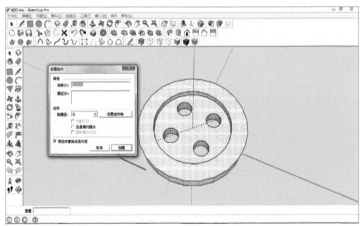

第十二步：选中"选择"选项，就可以移动整个图形了。

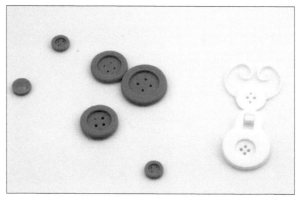

打印出来的纽扣

四、百变纽扣大舞台

——补补看

大家做的纽扣怎么样啦？是不是可以缝在布上？或者大家觉得纽扣还能用来做什么？开动脑筋哦。

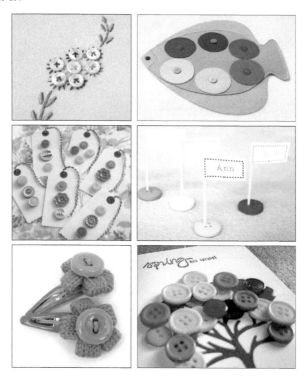

——创意纽扣

保持纽扣的功能性后，纽扣可以变成什么样子呢?其实，纽扣还可以用来创造艺术、美化生活哦！大家看看下面的图片，是不是觉得很漂亮?

若干千奇百怪、奇形怪状的纽扣。

五、小小创客任务榜：纽扣设计大师

在拿到老师分发的纸质小衣服后，分组测量纽扣洞口的长宽尺寸，并进行分工——部分学生设计适合洞口尺寸的纽扣，部分学生进行创意设计，在纸质衣服的背面设计创意装饰图案。总之，让纸质服饰时尚多彩起来吧!

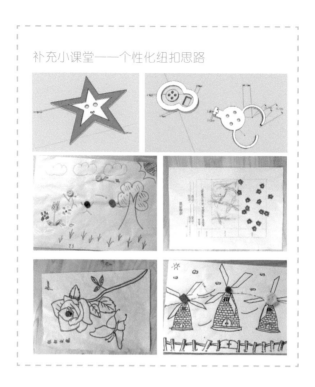

补充小课堂——个性化纽扣思路

大家完成任务了吗？完成以后，在下表记录自己的创作感受吧！（在有选项的地方打钩，没有选项的地方填写）

闯关小路记录表			
创作体验感受	你对你的设计满意吗	你最喜欢谁的作品	课程内容全部学会了吗
非常赞	非常赞		融会贯通
可以更好	可以更好		基本知道
一般般	一般般		学会皮毛

第三节 小小挂钩

一、挂钩的原理

【定义】

挂钩——英语"couple"，指建立两者联系的介质，形状弯曲，用于悬挂器物，是日常的生活用品之一。

思考提问：

家里的挂钩都是用来做什么的呢？

【挂钩的分类】

挂钩按吸附方式可分为：无痕挂钩、吸盘挂钩、钉式挂钩、粘胶挂钩等。

A．无痕挂钩：在贴面不产生痕迹、可无限制移位、不损坏贴面的一种环保型挂钩。

B．吸盘挂钩：利用吸盘紧紧吸附在墙上的挂钩。

C．订式挂钩：带有钉子，将钉子钉入受力墙体的挂钩。

D．粘胶挂钩：传统的挂钩，用粘胶吸附墙面。

二、挂钩的基础设计

我们已经看了这么多的挂钩了，下面让我们来看看利用3D打印技术做的简易无痕挂钩。

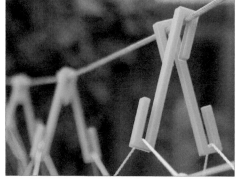

是不是很棒呢？那么，接下来我们要根据这个挂钩进行改造，一起动手学习做个创意挂钩吧！

三、建模步骤(边学边做)

第一步：先单击【俯视角度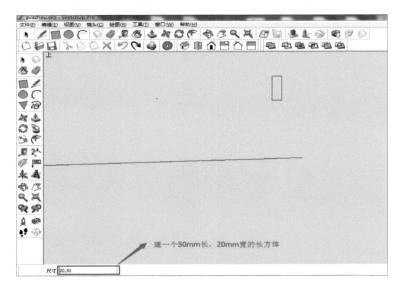】，确定画纸在平面上，使用【矩形工具】，任选一点作为起点拉出矩形后选取"尺寸"区域；在键盘上输入数字"20，50"并按下回车键，一个20mm×50mm的矩形就画好啦。

第二步：根据第一个矩形的画法，我们要依次画出另外两个矩形（长方形）。

（1）选取【矩形工具】，以大矩形角的绿色点为起点，随后在尺寸区域输入"20,15"并按下回车键，小矩形就画好了。

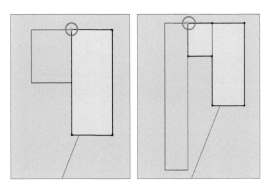

（2）第三个矩形要以小矩形的角为起点，选取【矩形工具 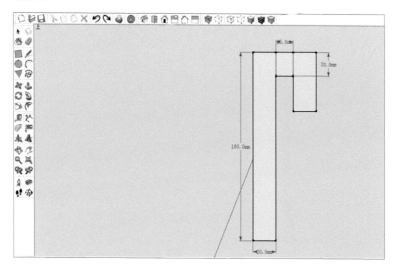】后单击起点确认，之后在尺寸区域输入"160,20"并按下回车键。这样，第三个矩形就画好了。是不是很像个拐杖呢？

第三步：使用【圆形工具 ⬤】，以矩形的左下角为起点，即圆心，拖至矩形右下角，即为圆的半径（或者直接在尺寸区域输入"20"之后按下回车键同样也能画出圆形）。

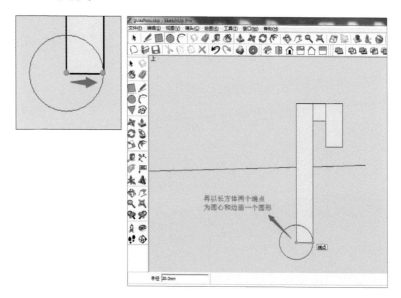

第四步：画一个半径为40mm的大圆，选取一段画出挂钩的"勾"。

（1）选取【圆形工具 ●】，单击小圆的圆心位置作为大圆的圆心点。画圆过程中在尺寸区域输入"40"，按下回车键即可。

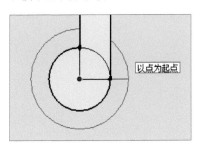

（2）下面学习新工具——画弧工具。先选择【圆弧工具 ◠】，在大圆、小圆的"红色区域"位置选取两个端点，单击两个端点后，再确定"蓝色区域"的一个点，就能画出圆弧。

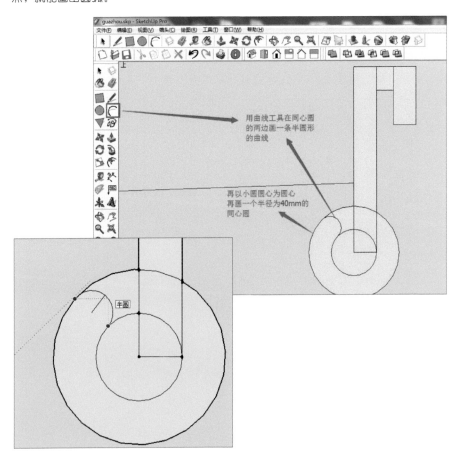

第五步：删除多余线条，留出挂钩的外形。单击【擦除工具 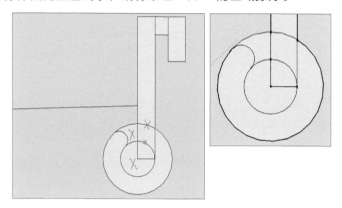】，直接用橡皮擦擦除图内蓝色线条，或将带红"✕"的区域擦除。

第六步： 首先选取图示区域，再单击【偏移工具 】，将挂钩的"勾"部位向内偏移0.1mm。我们只需要在尺寸区域输入"0.1"并按下回车键即可。

注意: 大家如果发现此时图形没什么变化，一定要放大观看哦，因为偏移0.1mm尺寸是很小的。

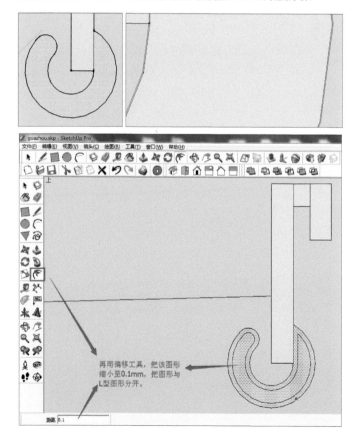

再用偏移工具，把该图形缩小至0.1mm，把图形与L型图形分开。

（1）选择【移动工具 】，将内部的图形向左或者向右移动到一边，再将蓝色部分全部用【擦除工具 】去掉。

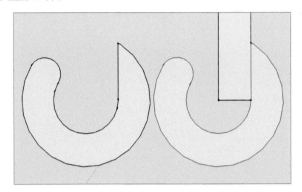

（2）之后将图像移动到矩形下部。首先在选择【移动工具 】时，将画圆区域的点作为移动起点，拖至矩形右下角的点，尺寸正好符合20mm。

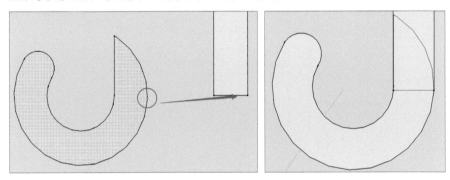

（3）随后将蓝色部分多余的线条用【擦除工具 】去掉即可。

第七步: 整个挂钩的外形就做出来了，接下来就是使用【推/拉工具⬇】将整个挂钩向上拖20mm高度。选取【推/拉工具⬇】后，单击整个挂钩并向上推动，在尺寸区域输入"20"按下回车键就完成了。

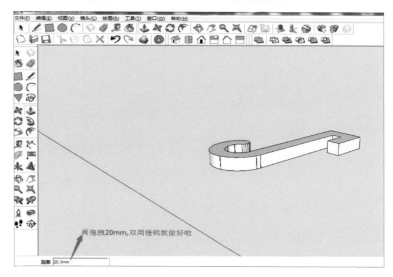

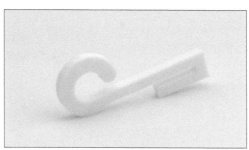

打印出来的挂钩

四、个性挂钩

看一看，瞧一瞧。

五、小小创客任务榜：挂钩承重实验

新的任务来了，敢不敢来战？妈妈有3个装有3kg重物的塑料袋，想在绳子上挂一些挂钩来挂住这些物品。

我们设计一款能够挂这些东西的挂钩吧！

大家完成任务了吗？完成以后，在下表记录自己的创作感受吧！（在有选项的地方打钩，没有选项的地方填写）

创客动脑记录表			
创作体验感受	你对你的设计满意吗	你最喜欢谁的作品	课程内容全部学会了吗
非常赞	非常赞		融会贯通
可以更好	可以更好		基本知道
一般般	一般般		学会皮毛

第三章

创意生活

第一节 私人订制创意小挂件

一、挂饰简述

　　挂饰是一种用于悬挂的装饰物，根据搭配的物体不同有吊坠挂饰、手机挂饰、包包挂饰、家居挂饰等。挂饰也叫作挂件、垂饰或称坠子、挂坠，不能单独成件，主要是和挂绳、挂链一起配合使用。挂饰的材质多种多样，有塑料、金属、玉石、木雕、核雕等。挂饰不但可挂在车上、手机、钥匙上，也可挂在脖子、手腕上起装饰作用。挂饰的共同特点——必备穿孔。

　　日常生活中用得较多的挂饰为钥匙挂（即钥匙扣，又称锁匙扣、钥匙链）等。顾名思义，钥匙扣就是挂在钥匙圈上的一种装饰物品。此类挂饰小巧、便携、种类样式繁多，材质也多样化。

　　具有中国文化特色的挂饰，就要数中国结这类特别的装饰物了。

 知识百科：

　　中国结是我国特有的手工编织工艺品，它凝聚了民族的情结与智慧。起源于旧石器时代的缝衣打结，推展至汉朝的礼仪记事，再演变成今日的装饰手艺。多用来装修室内、亲友间的馈赠礼物及个人的随身饰物。因为其外观对称精致，可以代表汉族悠久的历史文化，符合中国传统装饰的习俗和审美观念，故命名为中国结。中国结有双线、纽扣、琵琶、团锦、十字、吉祥、万字、盘长、藻井、双联、蝴蝶结等结式。中国结代表着团结幸福，特别是在民间，它精致的做工深受大众的喜爱。

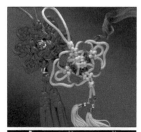

三、建模步骤(边学边做)

　　第一步：使用【矩形工具 ▦ 】，任选一处单击确认起点，拉出一个矩形框，在尺寸窗口输入"25,10"按下回车键，矩形就做好了。

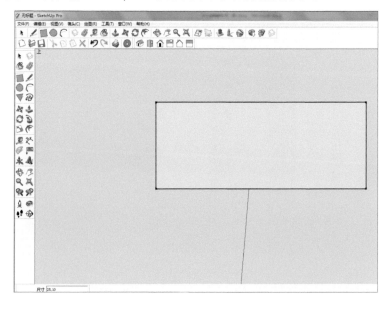

第二步：选取【卷尺工具 】，画出中线的辅助线。分别以两个相交点为起点，向两个方向画5mm的直线。

（1）单击【线条工具 】，确定好起点之后向所需要的方向画出线条，在输入框中填写"5"后按下回车即可。

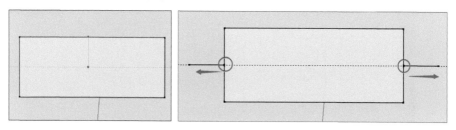

（2）用【线条工具 】将直线与矩形的4个角分别连接。

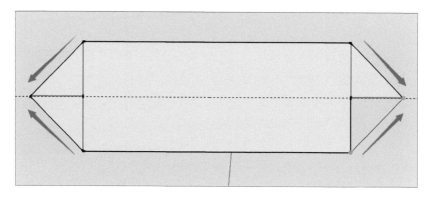

（3）选择【圆弧工具 】，分别单击小三角的两个角，向外拉出一个弧度之后在尺寸输入栏里写上需要圆弧凸出的尺寸"6"并按下回车键。用同样的方法将4个小三角都画出骨头形状的圆弧。

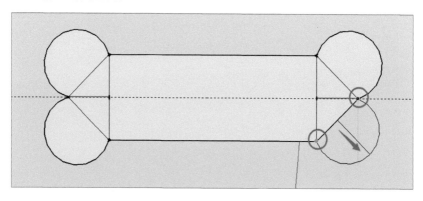

第三步：选择【偏移工具 】，将中间的大矩形向内偏移1.2mm。

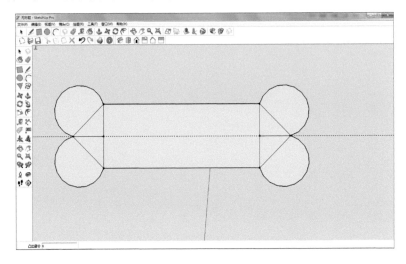

第四步：使用【线条工具 ✏】，在中间的小矩形区域内画上自己喜爱的图形。下面是以大树、房屋 、人形为图案的设计。

（1）通过【线条工具 ✏】画出大树的外形，注意交叉部分的线条都需要用【擦除工具 🧽】去掉。

（2）仔细观察大树的枝干，没有交叉的线条才是正确的。在画人形的过程中可以将【矩形工具▮】、【圆形工具⬤】、【线条工具✎】等工具灵活使用。

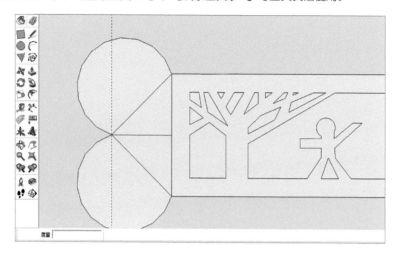

（3）用【矩形工具▮】、【线条工具✎】将小房子也画出来。

第五步：使用【卷尺工具 】，拉出两根和内部矩形平行的辅助线；之后单击【圆弧工具 】，选择辅助线和两边大弧的交点为新弧线的两个端点(红圈所示)。

（1）选取两个端点后向外拉，在凸出尺寸框内填上"3"并按下回车键——新弧就完成了。然后，用同样的方法完成另一端。

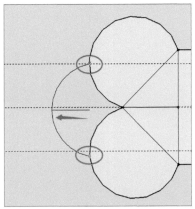

（2）选择【偏移工具 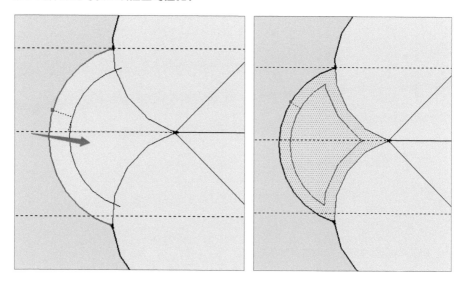】将两边新弧向内偏移0.5mm，单击【偏移工具 】后向后推，在尺寸区域输入"0.5"并按下回车键即可。将多余的线条用【擦除工具 】删掉。

下面有两种方法：一种是根据蓝色的弧线作偏移，另一种是根据整个图形作偏移。同样都是可以做成挂坠的挂扣。

第六步： 选择【擦除工具 】，将整个挂坠多余的线条都删除。

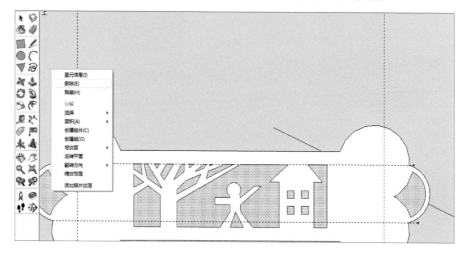

第七步：单击【推/拉工具🖐】，将整个图形向上推高1mm，选择【俯视角度🔲】及【环绕观察 🔄】可以自由观看任意角度。可爱的挂坠就做好了。

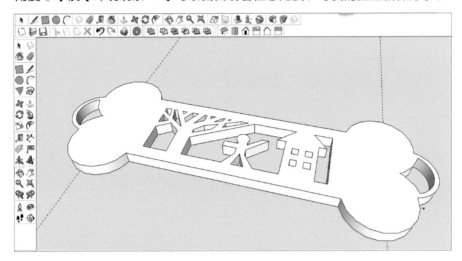

用3D打印机打印，实物效果如下图所示。

打印出来的小挂饰

三、简易想象设计

俗话说"设计来源于生活",我们就来欣赏一下下面这些特别的创意。

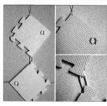  

四、小小创客任务榜：
送给爸爸妈妈的小礼物

我们看了这么多的创意挂饰,下面就需要你们开动脑筋,动手设计一个小挂饰,并用设计软件制作出模型,用3D打印机亲手打印一个小礼物送给自己的爸爸妈妈。

记得不要忘记打挂孔哦。

大家完成任务了吗?完成以后,在下表记录自己的创作感受吧!(在有选项的地方打钩,没有选项的地方填写)

创客心路记录表			
创作体验感受	你对你的设计满意吗	你最喜欢谁的作品	课程内容全部学会了吗
非常赞	非常赞		融会贯通
可以更好	可以更好		基本知道
一般般	一般般		学会皮毛

第二节 吹泡泡工具

一、吹泡泡小玩具

"吹泡泡，吹泡泡，泡泡像串紫葡萄……"童年时最喜欢的游戏莫过于吹泡泡，童年的快乐也如泡泡般在长大后容易消失，只留下丝丝甜美的回忆抵挡成长的幻灭。

随着时代的变迁，泡泡棒从简单的圆环演变成了五角星、爱心、卡通形象等各种各样的图案。到了今天，我们可以运用3D打印技术，来定制自己喜欢的卡通图案的吹泡泡棒啦。

 知识百科：

泡泡七彩的原因：光线穿过肥皂泡的薄膜时，薄膜的顶部和底部都会产生折射，肥皂薄膜最多可以包含大约150个不同的层次。我们看到的凌乱的颜色组合是由不平衡的薄膜层引起的。最厚的薄膜层反射红光，最薄的薄膜层反射紫光，居中的薄膜层反射太阳光的七种颜色。

【吹泡泡工具】

现在市场上衍化出更多样式、更多功能的吹泡泡工具，各类创意的小工具更具开放性、趣味性。

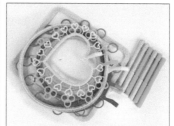

二、建模步骤（边学边做）

我们用描点法来设计一款吹泡泡的工具——大白泡泡棒。

第一步：网络下载大白图片，并将其保存到方便找到的位置。

第二步：选择【俯视角度  】，导入JPG格式的大白图片，然后选择"导入"。

第三步：选择【圆弧工具 】，按原图轨迹描画。

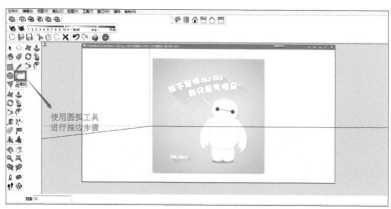

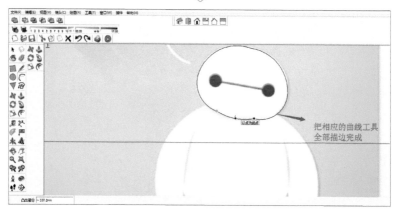

第四步：大白的脸描完后，发现眼睛被覆盖。单击鼠标左键选中面后，单击右键，选择"隐藏"。

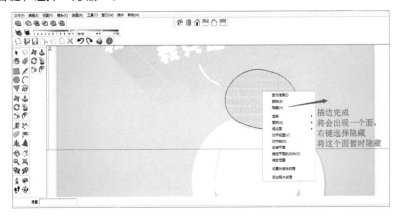

描边完成
将会出现一个面，
右键选择隐藏
将这个面暂时隐藏

第五步：画好眼睛之后，在"编辑"的下拉菜单里，选择"取消隐藏"，大白的脸就完成了。

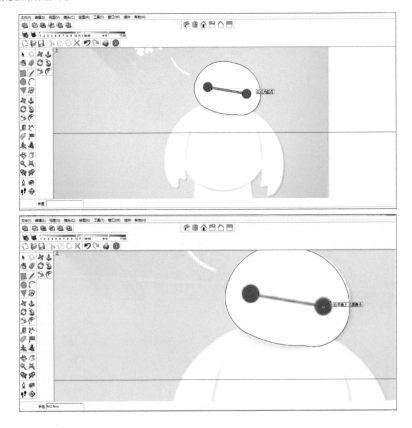

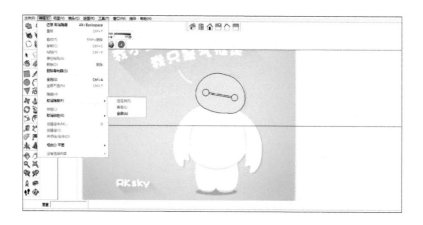

第六步：用同样的方法，将未完成的部分描好。使用【偏移工具 】，将描好的大白形象向内偏移2mm。

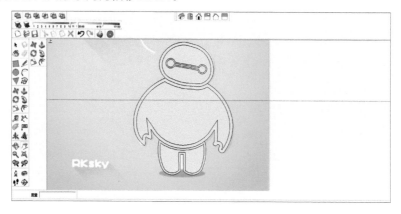

第七步：使用【矩形工具 】，拉一个大的平面出来（保证作图在一个平面上），然后用【线条工具 】，把大白的眼睛与头部连接起来。

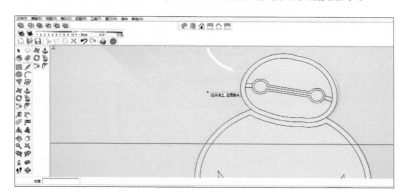

第八步：单击左键选定要删除的面，单击右键选择"删除"即可 。

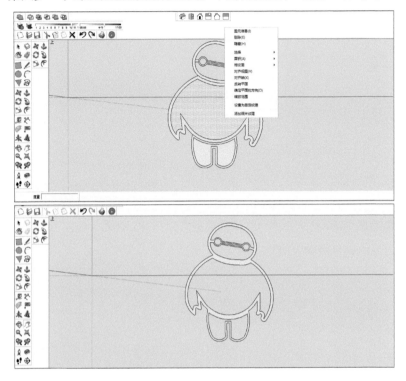

第九步：选择【线条工具 ✏ 】，画出一个长方形的吹泡泡手柄。

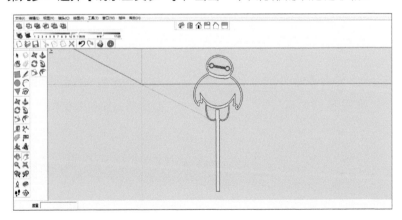

第十步：切换到【等轴角度 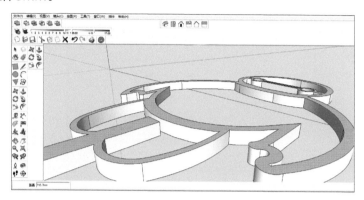】，选定大白整体框架，用【推/拉工具 】向上拉伸3mm。

第十一步：创建组件。选中整个模型，单击右键选择"创建组件"，将大白组件构成一个整体。

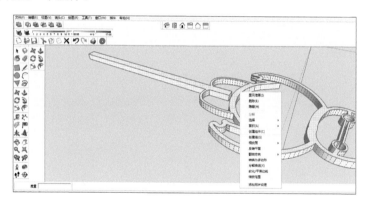

小工具大用途：【卷尺工具 】可以测量尺寸大小，【缩放工具 】可以对模型进行整体的缩放。

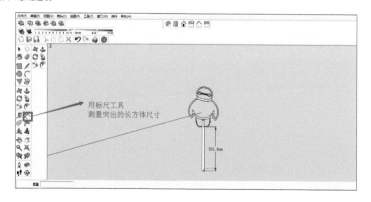

用标尺工具
测量突出的长方体尺寸

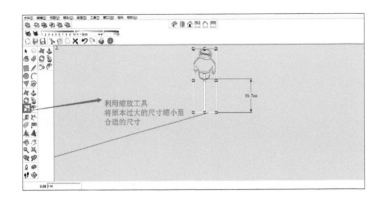

利用缩放工具
将原本过大的尺寸缩小至
合适的尺寸

三、小小创客任务榜：专属吹泡泡小工具

我们学会了如何使用软件将二维图片描绘成立体图形，并且可以利用3D打印机将其变为专属的吹泡泡小工具。首先用铅笔画出想要的图形，再用黑色的记号笔，描绘出需要设计的图形的全部轮廓。

用数码相机拍下来，经过软件处理和3D打印，这个平面的图案就会变成立体的吹泡泡小工具啦。

同学们也可以自制1瓶泡泡液，跟同学们比一比谁吹的泡泡更漂亮。

大家完成任务了吗？完成以后，在下表记录自己的创作感受吧！（在有选项的地方打钩，没有选项的地方填写）

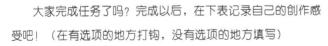

创作体验感受	你对你的设计满意吗	你最喜欢谁的作品	课程内容全部学会了吗
非常赞	非常赞		融会贯通
可以更好	可以更好		基本知道
一般般	一般般		学会皮毛

第四章

探索科学世界

第一节 神奇的拱形桥实验

看一看，瞧一瞧

我们看看下列桥有什么共同的特点？

拱桥是我国最常用的一种桥梁型式，为什么呢？下面进行个简单的拱形桥实验，我们就明白了。

一、拱形桥的原理

【简介】

拱桥（arch bridge），指的是在竖直平面内以拱作为主要承重构件的桥梁。拱桥是向上凸起的曲面，其最大主应力沿拱桥曲面作用。最早出现的拱桥是石拱桥，借着类似梯形石头的小单位，将桥本身的重量和加诸其上的载重，水平传递到两端的桥墩。各个小单位互相推挤时，同时也增加了桥体本身的强度。

 知识百科：

中国的拱桥始建于东汉中后期，已有1800余年的历史。在形成和发展过程中的外形都是曲的，所以古时常称为曲桥。

拱桥，造型优美，曲线圆润，富有动态感。单拱的，如北京颐和园的玉带桥；多孔拱桥常见的多为三孔、五孔、七孔，著名的有颐和园的十七孔桥，长约150m，宽约6.6m，连接南湖岛，丰富了昆明湖的层次，成为万寿山的对景。最早出现的拱桥是石拱桥，随后出现木拱、砖拱、竹拱和砖石混合拱；今天的拱桥多为钢筋混凝土、钢结构的。现代拱桥代表作有上海卢浦大桥。

【类型】

按照桥面的位置可分为：上承式拱桥、下承式拱桥、中承式拱桥；

A．上承式拱桥——桥面整体设置在拱圈之上的拱桥。优点是桥面构造简单，拱圈与墩台的宽度较小，桥上视野开阔，施工方便；缺点是桥梁的建筑高度大，纵坡大和引桥长。一般用在跨度较大的桥梁。

B．下承式拱桥——桥面整体设置在拱圈之下的拱桥。优点是桥梁建筑高度很小，纵坡小，可节省引道长度；缺点是构造复杂，拱肋施工麻烦。一般用于地基差的桥位上。

C．中承式拱桥——桥面整体设置在拱肋中部的拱桥。优点是建筑高度较小，引道较短；缺点是桥梁宽度大，构造较复杂，施工也较麻烦。

二、拱桥的基础设计

从力学角度分析，拱桥将桥面的竖向荷载转化为部分水平推力，使拱的弯距大大减小，拱主要承受压力，充分发挥材料的抗压性能。

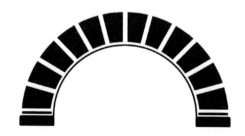

下面我们就来学习建立一个简单的拱桥模型。

三、建模步骤(边学边做):

第一步：使用圆形工具。选择【俯视角度 ▯】，在左侧大工具集中单击选取【圆形工具●】。

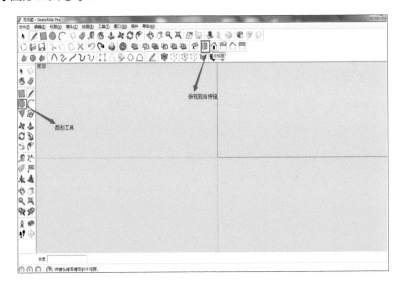

第二步：画出一个半径为30mm的圆形。选取【圆形工具●】，随意确定一点，在尺寸输入栏填写"30"后按下回车键，大圆形就画好了。

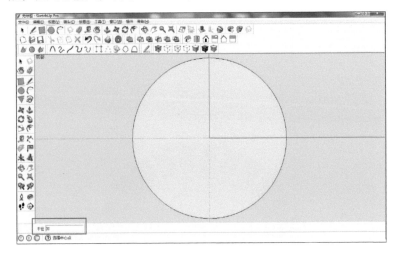

第三步：选用【卷尺工具 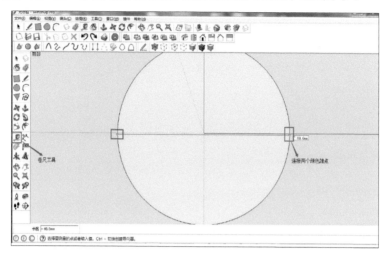】找到圆心点位置，再连接边缘的绿色的圆点提示点，会产生一条虚线条辅助线，这样辅助线（虚线）就画好了。

第四步：用【线条工具 ✏️】沿着上个步骤所画的虚线连接圆形的两端。

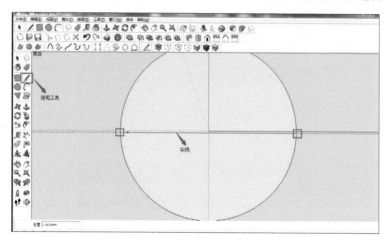

第五步：用【擦除工具 🧽】擦去圆形的下半部，只保留上半圆。

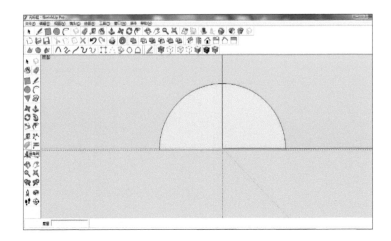

第六步：选择【量角器工具 ✏】，首先确定以圆的中心为起点，单击起点不放，拉出的一条虚线后单击第二个点，在角度框内输入"36"，按下回车键，第一条虚线就画好啦。

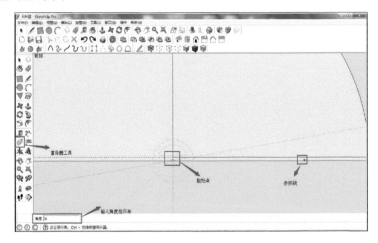

第七步：在起始点不变的情况下，继续旋转量角器，以上一个步骤所画的虚线为参照线，把整个半圆等分成5个36°角的图形。

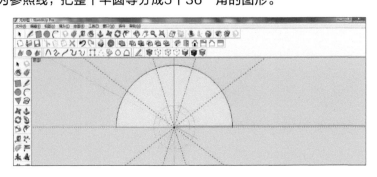

第八步：用【线条工具✏】，将从【量角器工具📏】的起始点开始到与外圆的交点的4条虚线用画笔画成实线。

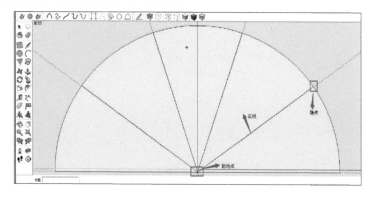

第九步：选取【圆形工具⬤】，以大圆圆心为圆点，在尺寸输入栏填写"20"后按下回车键，小圆形就画好了。

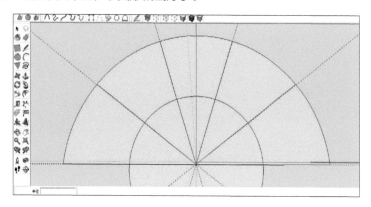

第十步：用【擦除工具🧽】去掉小圆下半部分，然后单击【偏移工具🦶】，选取外圆，依次向内偏移0.15mm。

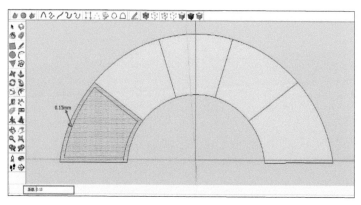

第十一步：用【擦除工具】把外圆线条擦除。

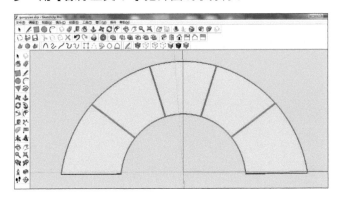

第十二步：切换到【等轴视图】，依次将图形使用【推/拉工具】向上推8mm。

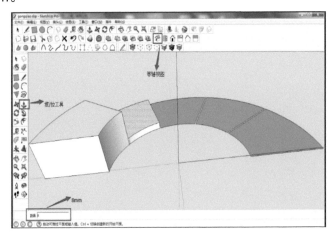

这样，我们的拱形图案就完成啦。

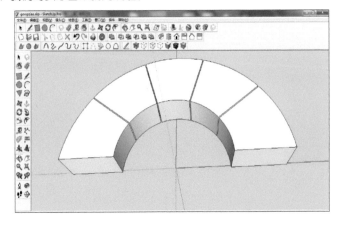

知识百科：

中国是桥的故乡，自古就有"桥的国度"之称，发展于隋，兴盛于宋。桥按外观分拱桥、梁桥、浮桥、索桥这四种基本类型。中国有四大名桥，分别是河北赵州桥、福建泉州洛阳桥、广东潮州广济桥、北京卢沟桥。其中赵州桥、卢沟桥就是中国著名的拱桥代表。

赵州桥

又称"安济桥"（位于河北省石家庄市）建于隋朝，是著名匠师李春建造，距今已有1300多年的历史。因桥体全部用石料建成，俗称"大石桥"。赵州桥结构新奇，造型美观，全长50.82m，宽9.6m，跨度为37.37m，是一座由28道独立拱券组成的单孔弧形大桥。赵州桥以其非凡的特色，被誉为"天下第一桥""世界奇迹"。

卢沟桥

北京宛平卢沟桥在北京广安门外15km处，跨永定河。桥始建于金.大定二十八年（公元1188年），5年后完工。桥全长212.2m，共11孔，净跨不等，从11.4～13.45m，桥宽9.3m。墩宽自6.5～7.9m。桥面上的石栏杆共269间，各望柱头上，雕刻有石狮。石狮形态各异，且有诸多小狮，怀抱背负，足抚口衔，趣味横生。桥上及华表柱上的石狮子，已成为鉴赏重点，也是统一变化的美学原则的具体应用。卢沟桥早已被列为全国文物保护单位。

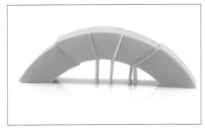

打印出来的拱形桥

四、小小创客任务榜：最结实的拱形桥

大家完成任务了吗？完成以后，在下表记录自己的创作感受吧！（在有选项的地方打钩，没有选项的地方填写）

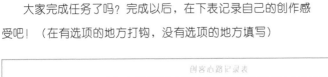

创客心路记录表			
创作体验感受	你对你的设计满意吗	你最喜欢谁的作品	课程内容全部学会了吗
非常赞	非常赞		融会贯通
可以更好	可以更好		基本知道
一般般	一般般		学会皮毛

第二节 鲁班锁的秘密

一、鲁班锁的概述

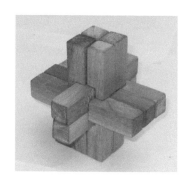

鲁班锁，也叫孔明锁、八卦锁，是曾广泛流传于汉族民间的智力玩具，是中国古代汉族传统的土木建筑固定结合器，民间还有"别闷棍""莫奈何""难人木"等叫法。不用钉子和绳子，完全靠自身结构的连接支撑，就像一张纸对折一下就能够立得起来一样，展现了一种看似简单，却凝结着不平凡的智慧。

 知识百科：

鲁班锁相传是春秋末期到战国初期，木匠鲁班为了测试儿子是否聪明而发明创造的，并因此得名。他曾用6根木条制作一件可拼可拆的玩具，叫儿子拆开，儿子忙碌一夜，终于拆开了。

其形状和内部的构造各不相同，一般都是易拆难装。

另传说这种东西是三国时期诸葛孔明根据鲁班的发明，结合八卦玄学的原理发明的一种玩具，故又称孔明锁。

二、基础设计

我们了解了那么多鲁班锁的秘密，是不是特别期待自己也拥有一个呢？那我们现在就开始动手设计一款吧。

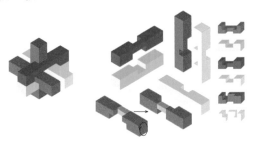

三、建模步骤(边学边做)

第一步：将画面调整为【俯视角度　】，选中【矩形工具　】，任选一个起点拉出一个矩形，在尺寸输入区域写上"20,20"，按下回车键。一个边为20mm的正方形就画好了。同理，在边上再画出一个边为19.6mm的正方形。

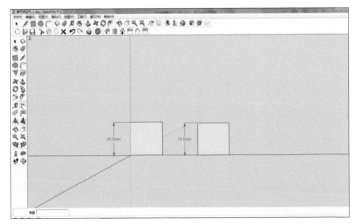

第二步：选择【等轴角度 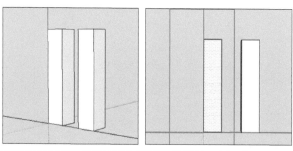】，单击【推/拉工具 】，将矩形向上推高100mm；将整个画面转为【主视图 】，用鼠标将左侧边为20mm的长方体框选；单击鼠标右键选择"创建组件"。

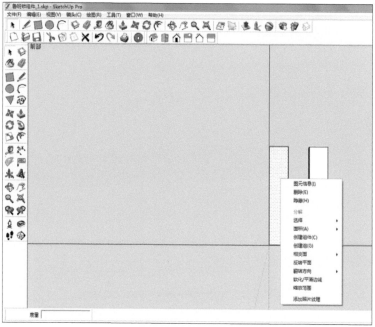

第三步：转换到【等轴角度 】，双击长方体（整个长方体四周出现虚线框）；选中【卷尺工具 】，单击右下角，以此为起点垂直向上，并在尺寸输入框中载入"29.8"，按下回车键，即出现黑色辅助点；同理，单击此辅助点向上" 40.4mm"，使用【线条工具 】连接垂直边的线条。用【推/拉工具 】将小矩形向内推10.2mm即可。

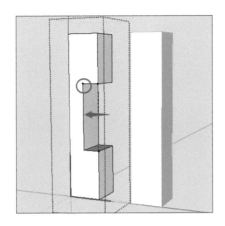

第四步：单击制作好的新图形，整个图形边部变成蓝色线条；然后选中【移动工具🔧】，按住键盘"Ctrl"键，鼠标右上角多了一个小"＋"之后拖动复制出一个。

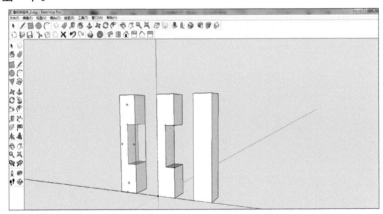

（1）单击第二个鲁班锁组件，单击鼠标右键，选中"分解"。

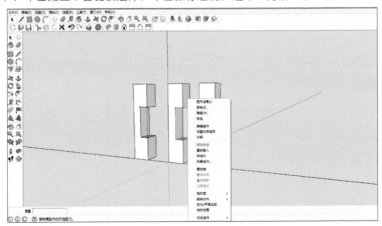

（2）双击选中第3个鲁班锁组件，选择【推/拉工具🖐】，将蓝色区域的面向外拉出"0.2mm"，使用【线条工具✏】连接中间小矩形两边的中线。

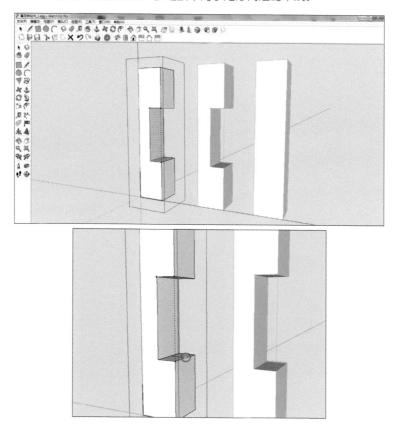

（3）使用【推/拉工具🖐】将内侧小矩形向上拉高"20mm"。

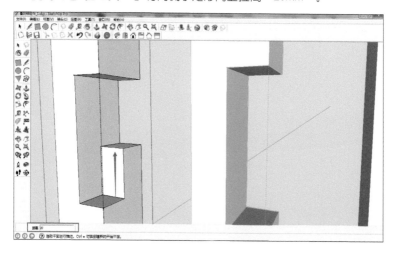

第五步：单击制作好的新图形，整个图形变成蓝色线条；选中【移动工具🔁】，单击键盘"Ctrl"键，鼠标右上角多了一个小"＋"之后拖动复制出一个。将组件3分解，组件4的高起矩形推回原型，将多出的蓝色小线条删除【✏️或Delete】。

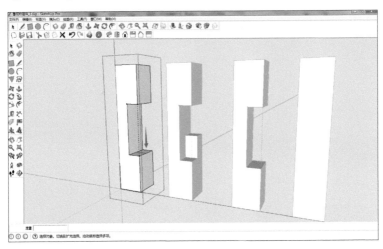

第六步：选中【卷尺工具📏】，截取10mm，20mm的两个辅助点，并连接对边做平行线（蓝色所示）；之后单击【推/拉工具⛏️】，将小矩形向内推10mm。组件4就完成了。

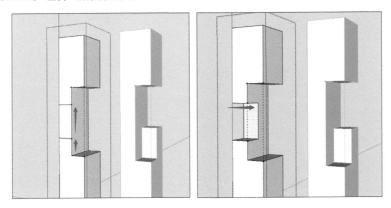

第七步：同理，将组件4复制并分解。在组件5上双击编辑，使用【线条工具 ✎ 】将中部两条线连接（如图中蓝色线所示）。使用【推/拉工具 ✦ 】将小矩形向上推出10mm。

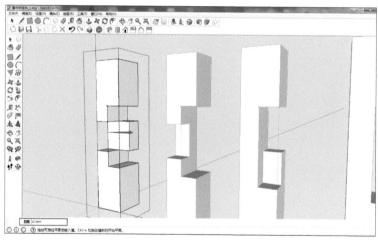

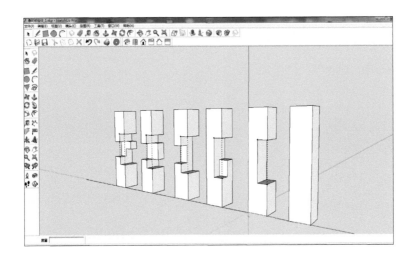

打印出来的鲁班锁

解密鲁班锁:

　　鲁班锁起源于中国古代建筑中首创的榫卯结构。 是中国古代汉族传统的土木建筑固定结合器。这种三维的拼插玩具内部的凹凸部分啮合,十分巧妙。鲁班锁类玩具比较多,形状和内部的构造各不相同,一般都是易拆难装,拼装时需要仔细观察,认真思考,分析其内部结构。

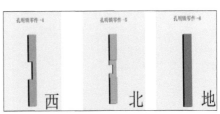

四、小小创客任务榜：鲁班锁工匠大赛

看到下面极具创意的鲁班锁，我们是不是可以设计出更棒的呢？让我们一起开动大脑，设计属于自己的别样的鲁班锁吧，比比看，谁设计的鲁班锁能够摘得"鲁班锁工匠大赛"的桂冠。

大家完成任务了吗？完成以后，在下表记录自己的创作感受吧！（在有选项的地方打钩，没有选项的地方填写）

创客心路记录表			
创作体验感受	你对你的设计满意吗	你最喜欢谁的作品	课程内容全部学会了吗
非常赞	非常赞		融会贯通
可以更好	可以更好		基本知道
一般般	一般般		学会皮毛

第三节 让竹蜻蜓飞得更高

大家看过多啦A梦的动画片吗？今天要学习设计的就是让多啦A梦飞起来的竹蜻蜓。

一、竹蜻蜓的概述

竹蜻蜓是一种民间传统的儿童玩具，流传甚广。玩竹蜻蜓时，只需双手一搓，然后手一松，竹蜻蜓就会飞上天空。旋转一会儿后，才会落下来。竹蜻蜓是中国古代一个很精妙的小发明，这种简单而神奇的玩具，曾令西方传教士惊叹不已，将其称为"中国螺旋"。

知识百科：

　　竹蜻蜓是民间古老的儿童玩具，在制作和玩耍竹蜻蜓的过程中，可以领略中国古老儿童玩具的趣味和科学技术的奥妙。从对大自然中蜻蜓飞翔的观察中受到启示，公元前500年中国人制成了竹蜻蜓，2000多年来一直是中国孩子手中的玩具。

　　竹蜻蜓在18世纪传到欧洲，启发了人们的思路，被誉为"航空之父"的英国人乔治·凯利一辈子都对竹蜻蜓着迷。他的第一项航空研究就是在1796年仿制和改造了"竹蜻蜓"，并由此悟出螺旋桨的一些工作原理。他的研究推动了飞机研制的进程。并为西方的设计师带来了研制直升机的灵感。

二、建模步骤（边学边做）

　　第一步：选择【俯视角度 】，保证制作模型在同一水平面；单击【矩形工具 】，随意选择一个起点，拉出矩形；在尺寸输入框内输入"15,15"，按下回车键，一个四边为15mm的正方形就画好了。（如果发现画面没什么反应，请转动鼠标中键放大画面。）

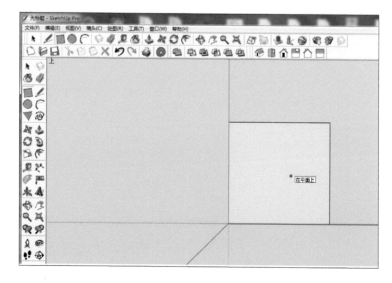

第二步：单击【推/拉工具 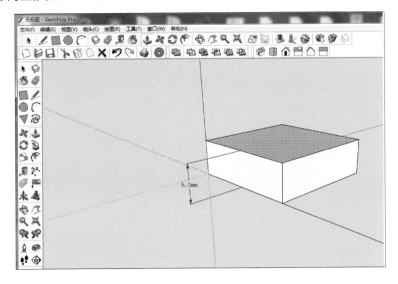】，整个画面切换到【等轴视角 】，将正方形向上推拉5mm 。

第三步：将矩形转到【主视角 】，单击【选择 】，转动鼠标中键进行图形视角的放大、缩小，或者单击【缩放范围 】，自动默认适当视角。

（1）下面学习新工具【量角器工具 】，首先确定好矩形左下端的点为起点，单击起点不放，拉出的一条虚线后，再单击第2个点，如下图所示。

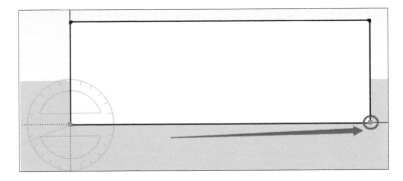

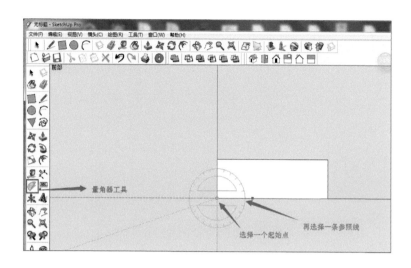

（2）确定两个端点后，转向你想要移动的方向，角度区域框的数值也会随着你的转动而变化；直接向上旋转移动，在角度输入框内填上"20"按下回车键。

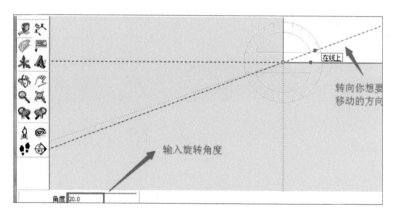

（3）选取【卷尺工具 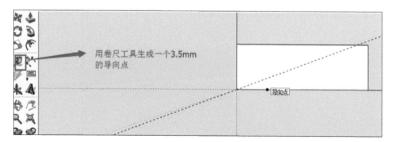】，点中左下角为起点，画出一个3.5mm的导向线。

（4）使用【卷尺工具 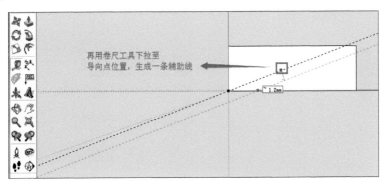】单击第1条虚线，向下拉会出现一条相平行的虚线，拉至导向点所在位置或者在度量数值区域输入"1.2"按下回车键。第2条辅助虚线就画好了。

再用卷尺工具下拉至
导向点位置，生成一条辅助线

（5）选中【画笔工具 】，将两条虚线在矩形围成的形状描绘出。

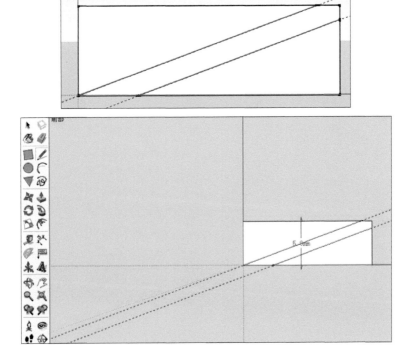

（6）将整个画面视图转为【等轴视图　】，使用鼠标滚轮进行画面的远近调整；适当位置时选择【推/拉工具　】，将两条虚线在矩形围成的形状向外拉65mm。

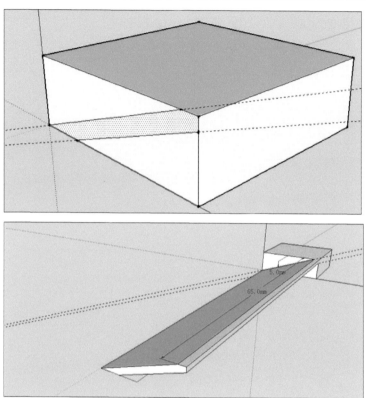

第四步：使用同样的方法，将矩形的4个面都画上65mm长的翅膀。那么竹蜻蜓的4个飞翼就做好了。

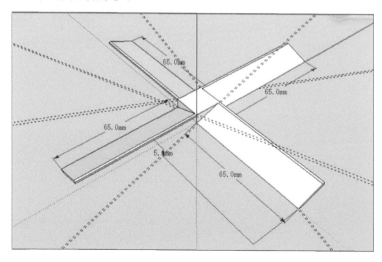

第五步：将视图转为【俯视角度 ▢ 】，转动鼠标滚轮，使画面在正方形上。单击【画笔工具 ✏ 】连接对角线，选择【圆形工具 ⬤ 】，以对角线交点为圆心，向外拉出一个小圆，在尺寸输入框中填上"2.2"，并按下回车键。将多余的对角线删除，使用【擦除工具 ✐ 】或者单击线条，在键盘上找到并按下【Delete】键。

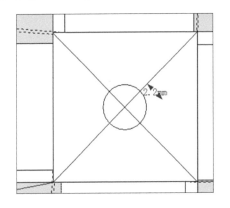
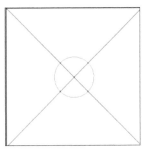

第六步：将视图转为【等轴视图 🏠 】，选择【推/拉工具 ⬆ 】单击小圆，将小圆向下拉5mm；再在边上画个半径2.2mm、长150mm小圆柱作为竹蜻蜓尾巴，整个竹蜻蜓就做好了。

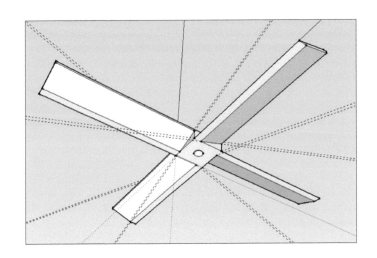

打印出来的竹蜻蜓

三、各式各样的竹蜻蜓

四、小小创客任务榜：竹蜻蜓飞行大挑战

挑战攻略

放飞蜻蜓，飞得更高。

大家快快接受挑战吧，开动脑筋，用软件画出自己想要的竹蜻蜓，然后用3D打印机打印出来。

比一比，赛一赛，看谁的竹蜻蜓又漂亮，飞得又高。

大家完成任务了吗？完成以后，在下表记录自己的创作感受吧！（在有选项的地方打钩，没有选项的地方填写）

创客心路记录表			
创作体验感受	你对你的设计满意吗	你最喜欢谁的作品	课程内容全部学会了吗
非常赞	非常赞		融会贯通
可以更好	可以更好		基本知道
一般般	一般般		学会皮毛

第五章

创意艺术品

第一节 拉胚的奥秘

一、拉胚的艺术

拉胚，即将和好的陶土放于拉胚机上，借旋转之力，用双手将陶土拉成器胚。这是陶艺制作中比较常用的一种方法。拉胚可以制作碗、杯、罐、盘等造型，是陶瓷手工成形的第一步，是泥土走向精美陶瓷的开始。

 知识百科：

　　"拉胚"又称"走泥"。"走泥"最初是中国古人对陶瓷钧窑釉纹的称呼，有"蚯蚓走泥纹"之称。后成为日本现代陶艺流派"走泥社"的称谓。

　　作为独立艺术形式，"走泥"艺术如今已成为一种独立艺术表现形式。

二、建模步骤（边学边做）

第一步：先单击【俯视角度 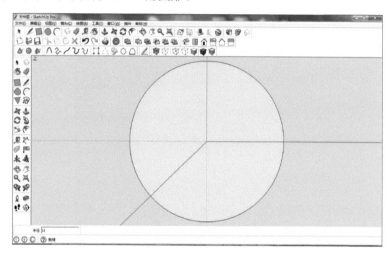】，确定画纸在平面上，选取【圆形工具 】，画出一个半径为15mm的圆形。

第二步：切换到【等轴视图 】，用【矩形工具 】画一个15mm × 30mm的矩形。

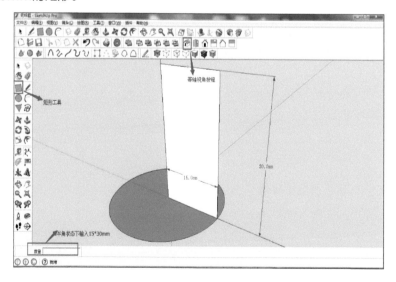

第三步：用【线条工具 ✏】，以矩形上边的中点为起点画一条长10mm的线条，同时连接矩形的左边的点，形成一个如下图所示的方形。

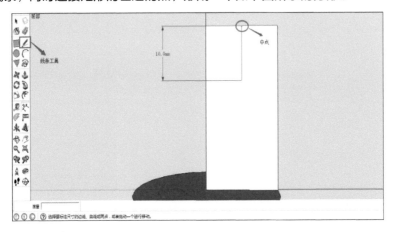

第四步：用【线条工具 ✏】连接上对角线，然后选择【圆弧工具 ⌒】，在图中所标识的两个端点上拉画出圆弧。

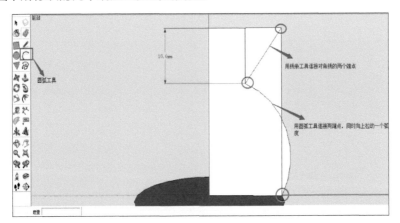

第五步：用【擦除工具 🧽】去除多余线条。

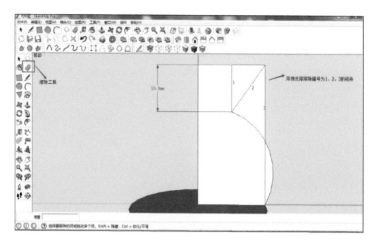

完成后图形如下：

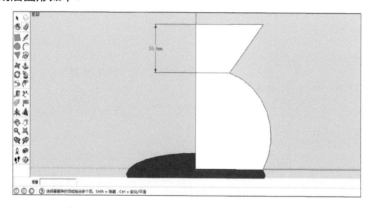

第六步：选取【偏移工具 🖑】单击图形，向内偏移1.2mm，同时用【线条工具 ✏️】画出如下图所示红色方框内的两条线段。

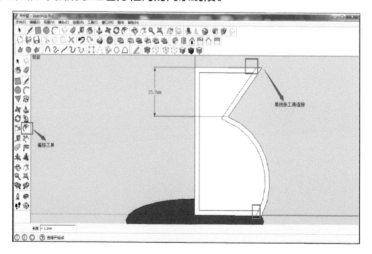

第七步：用【擦除工具 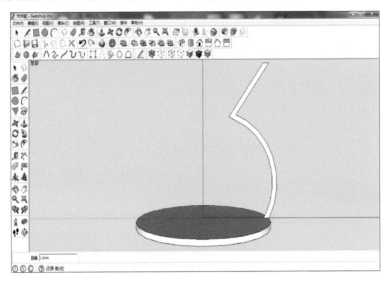】擦去多余线条。使用【推/拉工具 】把底部向上拉伸，在尺寸输入区域填写"1"，按下回车键确定。

第八步：选择【跟随路径 】，按住"Alt"键，旋转出瓷器的形状。瓷器就制作完成了。

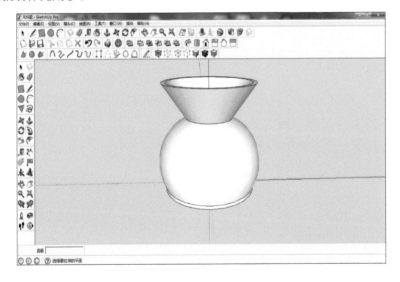

打印出来的瓷器

三、最有创意的瓷器选举

创新是进步的灵魂。大家快来欣赏这些富有创意的瓷器吧。

四、小小创客任务榜：给多肉植物找新家

小任务，大挑战。大家敢不敢来试试呢？

话说有一天，几个长得肉肉的小植物，由于贪玩，忘了回家的路啦，在它们最无助的时候，有一群可爱的小朋友从远处跑来，这些肉肉的小植物就问小朋友们："你们可以给我们找个新家吗？我们好冷好饿啊。"

那么，问题来啦？大家有没有信心给他们用3D打印机制造一个温暖的家呢？

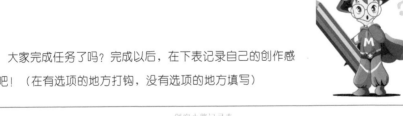

大家完成任务了吗？完成以后，在下表记录自己的创作感受吧！（在有选项的地方打钩，没有选项的地方填写）

创客心路记录表			
创作体验感受	你对你的设计满意吗	你最喜欢谁的作品	课程内容全部学会了吗
非常赞	非常赞		融会贯通
可以更好	可以更好		基本知道
一般般	一般般		学会皮毛

第二节 DIY定制专属相框

一、相框的概况

相框（Frame），类似一个正方形，内部扣空，空白处刚好放置相片。它主要用于相片的四边定位及加强相片的美观性，也利于保护相片的质量，像带有玻璃的相框，可以防止相片变色等。

知识百科：

装裱是具有悠久历史的行业，根据考古研究，中国最早关于装裱的文字记载是在1973年湖南战国楚墓出土的《人物御龙帛画》，该文物展现了装裱艺术的材料选用和制作工艺。现代中国装裱艺术基本上是在延续千年不变的历史习俗，在款式和用材上基本没有太多的改进，可以说是完全传承历代的风格和技法。

二、相框里的世界

小小的相框里躲着大大的世界，里面住满了我们甜甜的回忆。个性化的相框像是一本历史书，诠释着照片里人物的幸福与快乐。你们的相框是不是这样的呢？

三、建模步骤（边学边做）

第一步：打开Google SketchUp软件，单击【俯视角度▯】，确定画纸在平面上，用【矩形工具▮】画一个30mm×30mm的矩形。

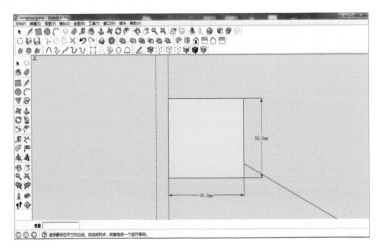

第二步：用【线条工具✏】在矩形右侧边的中点画一条长度为5mm的直线。

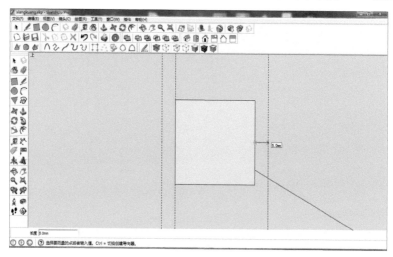

第三步：选择【圆弧工具◠】，连接图中所标识的矩形顶点和四等分点，依次上拉画出圆弧，并用【擦除工具🧽】去除多余线条。

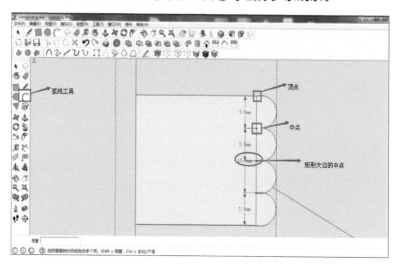

第四步：使用【卷尺工具 🔧 】，以矩形顶点为起点，找到25mm点。

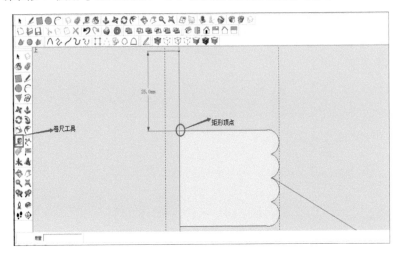

第五步：用【圆弧工具 🟢 】连接图中所标识的两个端点，在数值框内输入"5"，按下回车键并上拉，画出圆弧。

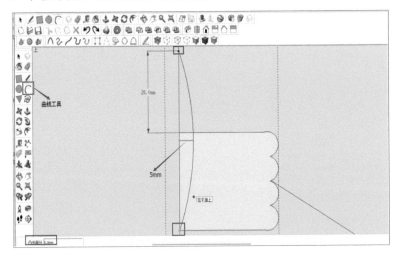

第六步：使用【卷尺工具 🔧 】，以25mm端点为起点，在数值框内输入"10"，按下回车键，这样就确定了10mm的端点啦。用同样的步骤确定下面的两端点。使用【圆弧工具 🟢 】连接图中所标识的两点，在数值框内输入"5"，按下回车键并上拉，画出圆弧。

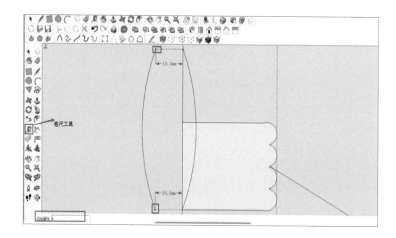

第七步：用【线条工具 ✏️】连接下面两个端点。

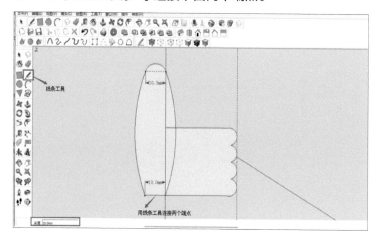

第八步：以两线交点为起点，用【线条工具 ✏️】连接此交点与左侧弧线的绿色提示点。

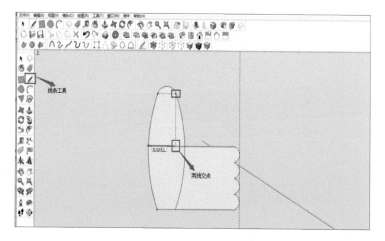

第九步：选择【擦除工具🧽】擦去多余线条。

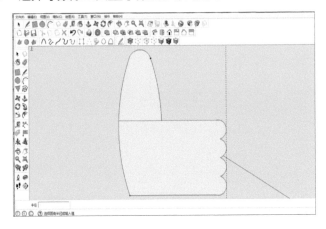

第十步：切换到【等轴视图🔳】，使用【推/拉工具🖐】。在数值框内输入"10"，按下回车键。

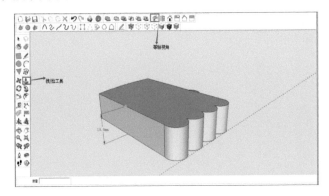

第十一步：按住【环绕观察工具🔄】，旋转模型；从下面观看，图形的底部是镂空的。需要使用【线条工具✏】将底部任意画一道线，将底部封起来。

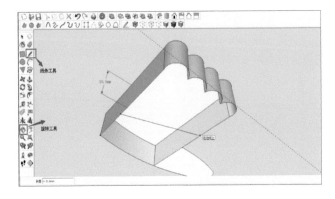

第十二步：恢复到【俯视角度 📖 】状态，用【卷尺工具 ✎ 】，以A点为起点，在数值框内输入"10"，然后回车就会找到距离起点10mm处的绿色提示点，用【线条工具 ✎ 】做垂线。

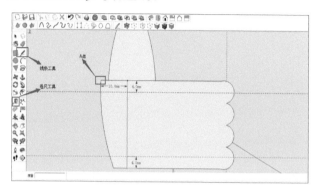

第十三步：依次用 【卷尺工具 ✎ 】、【线条工具 ✎ 】做出如下图所示的22mm×30mm的矩形。

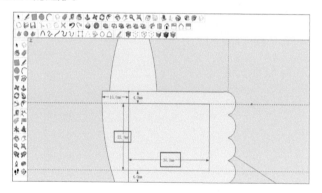

第十四步：使用【线条工具 ✎ 】沿着图中矩形的左右两边向下画直线，并与底边交于一点，用【环绕观察工具 ✿ 】，旋转模型；以绿色端点为起点，做两条垂直于底边的垂线。

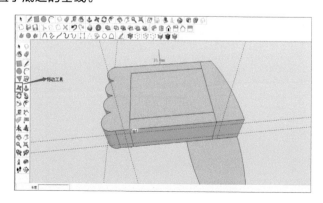

第十五步：用【卷尺工具 🔍】测量出距离长方形上下两边2mm处，用【线条工具 ✏】做一个10mm×6mm的矩形。

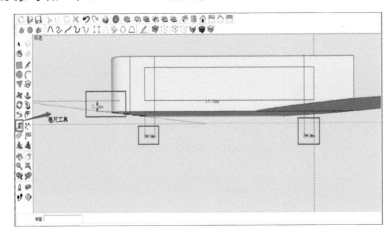

第十六步：使用【选择工具 ▸】选定图形的顶层平面，按住"Ctrl"键，复制一个同样的平面到相对应的底层，用【移动工具 ✥】和键盘上的，"PgUp"键，顺着Z轴向上运动。

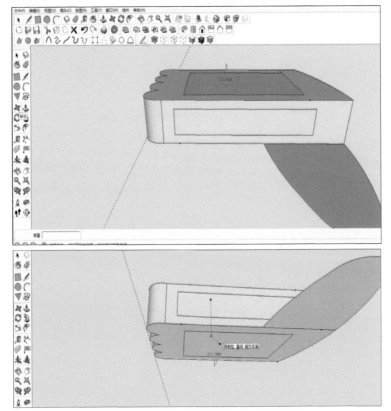

第十七步：使用【卷尺工具 🖊】分别在矩形上下顶点2mm处的位置确定两个点，或选择【卷尺工具 🖊】，在键盘上输入"2"，按下回车键即可。

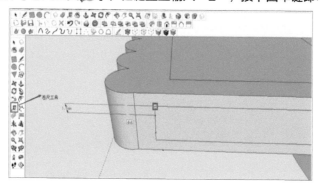

第十八步：用【线条工具 ✏】以第十七步中确定的两点向对应边画直线，并使用【推/拉工具 ✋】选定所确定的平面，在数值框内输入"26"，按下回车键。这样，相框的内部就完成了。

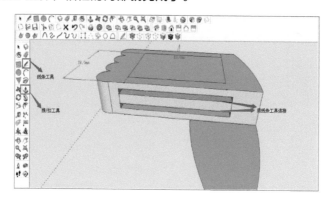

第十九步：使用【推/拉工具 ✋】选定红线内的平面，在数值框内输入"26,10"，按下回车键。

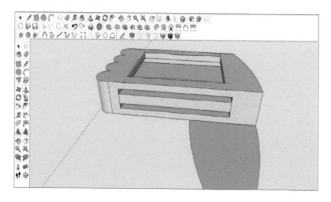

第二十步：用【移动工具 ✦】，选中平面，按住"Ctrl"键，顺着蓝色轴，同时按住键盘上的"PgUp"键，在尺寸框内输入"2.6"，图形就复制成功了。

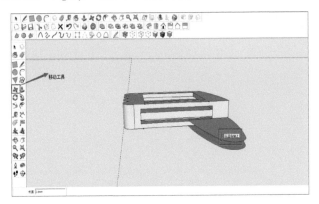

第二十一步：依次选中复制成功的两个平面，使用【推/拉工具 ✦】在尺寸框内输入"2"，按下回车键。

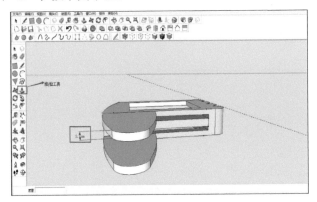

第二十二步：使用【线条工具 ✎】连接曲线的绿色提示端点与矩形的下顶点，使整个弧线形状成为一个实体。

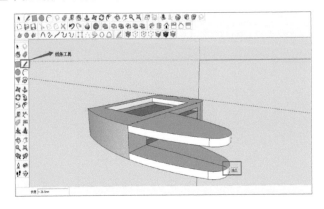

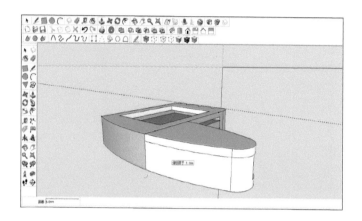

第二十三步：按住【环绕观察工具🔄】，旋转模型，找到相框把手处，用【卷尺工具🗂️】以圆弧的中点为起点，做一条长度为8mm的辅助线。使用【圆形工具⬤】画一个半径为7mm的圆形。

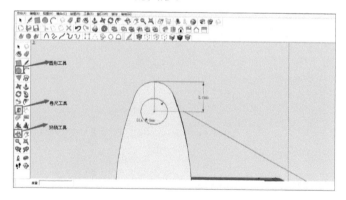

第二十四步：用【推/拉工具🥄】选中圆形，在尺寸框内输入"10"，这样圆孔就做好了。有了这个孔，就可以用丝带把相框挂起来啦。

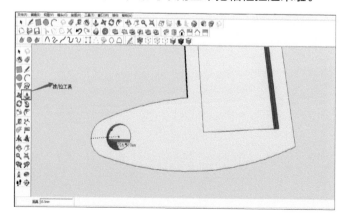

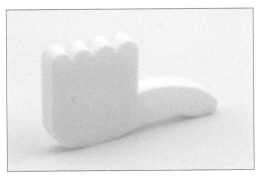

打印出来的相框

四、小小创客任务榜：挂着的相框

大家都有很多自己的照片吧，不妨把这些照片放在一个有趣的相框里，挂在房间里、系在书包上。让我们一起开动脑筋，用3D打印机设计一些和下图中类似的创意相框吧。

大家完成任务了吗？完成以后，在下表记录自己的创作感受吧！（在有选项的地方打钩，没有选项的地方填写）

创客心路记录表			
创作体验感受	你对你的设计满意吗	你最喜欢谁的作品	课程内容全部学会了吗
非常赞	非常赞		融会贯通
可以更好	可以更好		基本知道
一般般	一般般		学会皮毛

第三节 我的小小城市

一、城市的概述

【简述】

城市，是以非农业产业和非农业人口集聚形成的较大居民点。一般包括住宅区、工业区和商业区，并且具备行政管辖功能。城市应该包括居民区、街道、医院、学校、写字楼、商业卖场、广场、公园等公共设施。

【我国城市的历史】

中国的城市起源很早。据考古报告，属于新石器时代的龙山文化城址已有多处被发掘出来，距今4000多年。从历史上看，中国城市功能齐全，是不同等级的政治中心、军事中心、经济中心和文化中心。

中国历史上的城市发展，经历了一个时空转换的过程。从秦始皇时期的西北，到汉朝、唐代，长安（今西安）是中国城市的最高代表。宋代，汴京（开封）成为中国城市发展的中心。其后，又移至临安（杭州）。元、明、清三代，定都北京。

知识百科:

　　城市 (chéng shì) 是"城"与"市"的组合词。"城"是为了防卫用城墙等围起来的地域。"市"则是指进行交易的场所。军事防御和政权运作是中国城市的最重要的两大功能。中国城市的设计有两种：一种是依照地形而建，例如明朝南京城。另一种则是布局严整之势，最具代表性当属隋大兴城（即长安城）。

【发现国内外城市的不同】

　　中国建筑与国外建筑在风格、设计原则上都有特别大的不同，让我们一起来仔细观察分析下，看看哪些是中国城市建筑，哪些是国外城市的建筑。

二、建模步骤（边学边做）

1. 小房子

第一步：在【俯视角度 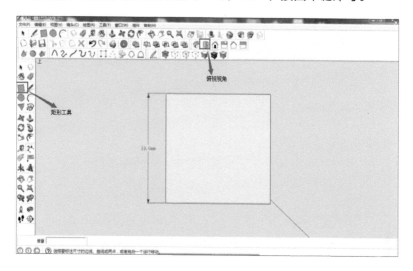】状态下，用【矩形工具 】做一个19mm×19mm的矩形，在数字输入框内输入"19，19"，接回车键即可。

第二步：切换到【等轴视角 】，用【推/拉工具 】把平面的图形变成高19mm的立体。

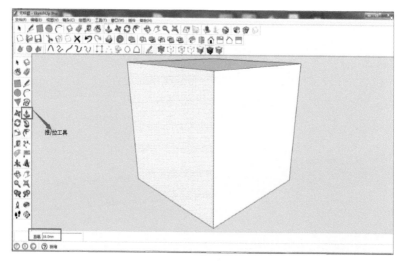

第三步：使用【偏移工具 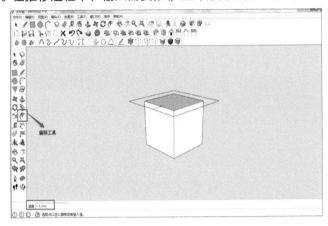】选择立方体的顶层平面，然后向图形外部进行推移。在推移过程中，输入需要推移至外部的距离"5"。

第四步：用【线条工具 ✏】连接两边的中点（绿色提示点）。

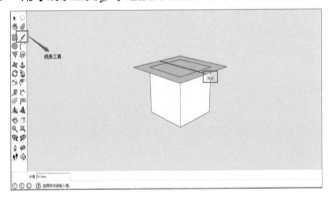

第五步：用【线条工具 ✏】在立方体上方画一条长为27.8mm的直线，任选一端点，在尺寸框里输入"27.8"接回车键即可。

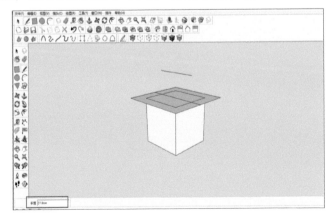

第六步：用【线条工具 ✎】分别连接直线与长方体面的两个端点。

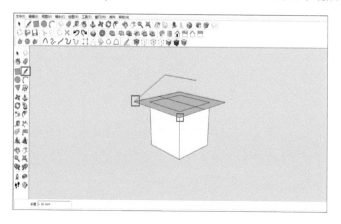

第七步：按住【环绕观察工具 ✤】，旋转模型；用【线条工具 ✎】依次连接上方直线与矩形4个端点，就会形成如下图所示的图形。

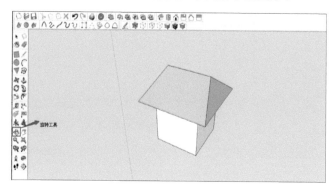

第八步：用【卷尺工具 ✎】画出如图中所示的3条垂直虚线，并用【线条工具 ✎】连接图中所示的3条实线。

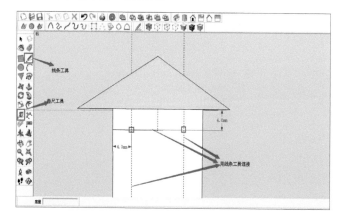

第九步：选定实线内的平面，使用【推/拉工具 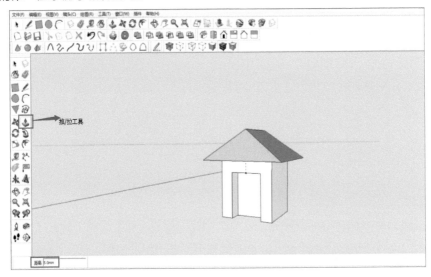】向内推进5mm。我们的第一座小房子就做好啦！

2. 圆顶房

第一步：在【等轴视图 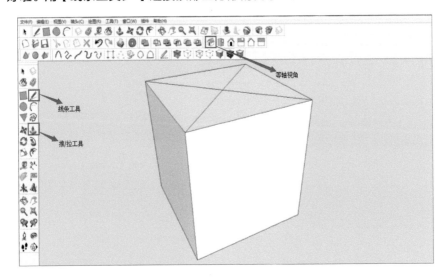】状态下，用【矩形工具 】在画图区域的中心部分，随意点一个点，向45°角进行推移，会形成一个正方图形。在推移的过程中，在键盘上输入数字"26.9，26.9"，再按下回车键，正方形就画好啦。用【线条工具 】连接顶部正方形的两条对角线。

第二步：选取【圆形工具●】，以对角线的交点为圆点，在数值框输入"15"，这样半径为15mm的圆就形成啦。

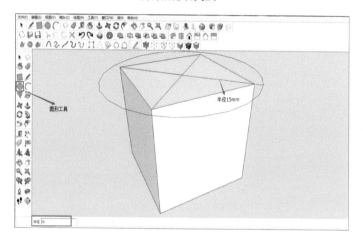

第三步：用【线条工具✐】画一条垂直于圆心，长度为10mm的直线。

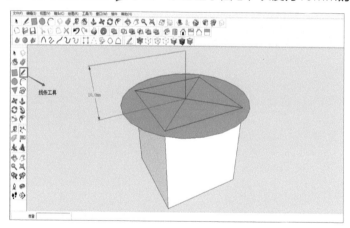

第四步：用【线条工具✐】延长对角线，与外圆交于一点。

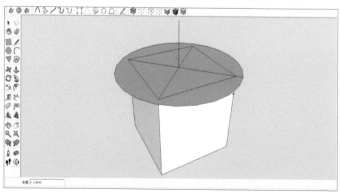

第五步：选择【线条工具 ✐】连接直线的顶点与外圆的端点，使之形成一个三角形。

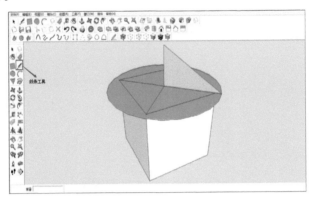

第六步：用【跟随路径 ⟳】选定三角形平面，旋转360°，形成如下所示的图形。

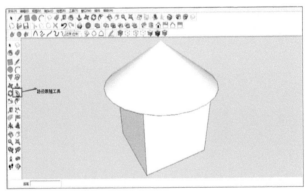

第七步：按住【环绕观察工具 ✥】，旋转模型；用【线条工具 ✐】分别连接正方体的4个端点与圆的端点（绿色提示圆点）。

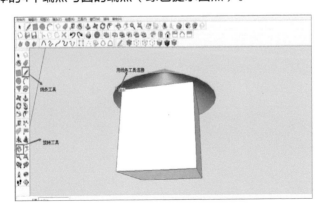

第八步：用【线条工具✏️】在平面上画出高度为10mm的图形。

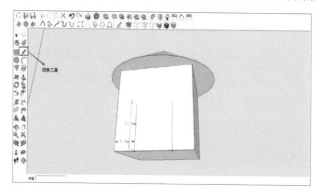

第九步：用【圆弧工具◠】连接直线的上端点，并向外突出5mm（在尺寸框里输入"5"，接回车键即可）。

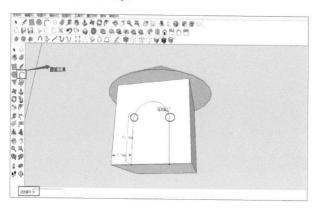

第十步：选取【推/拉工具⬛】后，单击曲形面，向里推；在尺寸区域输入"5"，按下回车键，我们的房子就完成了。

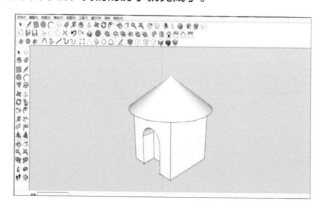

3．小卡座

接下来让我们一起来制作我们的卡座吧。

第一步：在【等轴角度 】状态下，选中【矩形工具 】，在画图区域任意拉出一个矩形，用【推/拉工具 】在尺寸区域输入"2.5，2.5"，按下回车键，这样我们底座就完成啦。

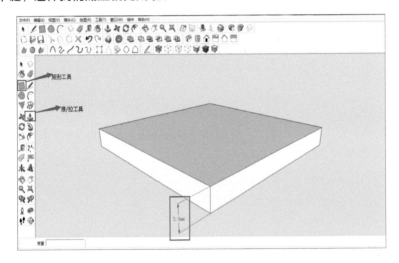

第二步：切换到【俯视角度 】，用【线条工具 】连接矩形面的两条对角线，然后在矩形中画出一个小矩形。（根据要卡住的物体大小来设置小矩形尺寸。）

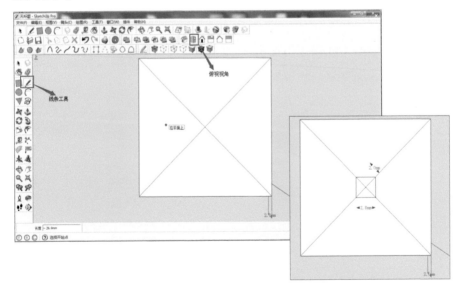

第三步：使用【推/拉工具 🥄】在尺寸区域输入"2"，按下回车键，这样我们的小卡座就完成啦。

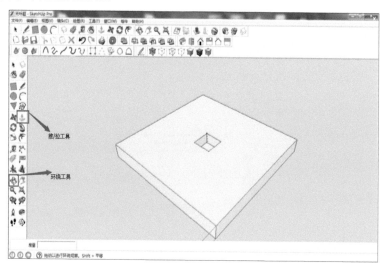

4. 大卡座

第一步：在【俯视角度 ▥】状态下，选中【矩形工具 ▢】，在尺寸区域输入"20，20"，按下回车键，大卡座的底座就完成啦。然后用【线条工具 ✏】以对角线的交点为起点，沿着一条对角线的两个方向，在尺寸框内输入"7"，按下回车键，用【线条工具 ✏】以所画线的端点为顶点，连接另外一条对角线的交点（有绿色提示点），这样就可以得到如下的图形。

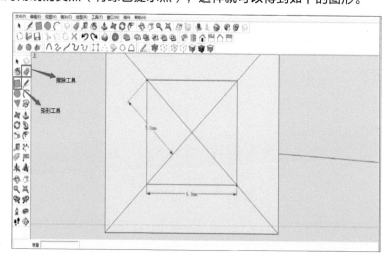

第二步：用【擦除工具 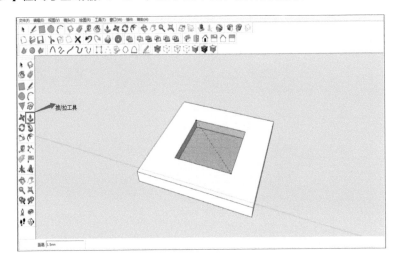】擦除小正方形的对角线，然后使用【推/拉工具 】在尺寸区域输入"2"，按下回车键，这样我们的大卡座就完成啦。

5. 小树

第一步：在【俯视角度 】状态下，用【矩形工具 】在尺寸区域输入"8.5，2.5"，按下回车键，同时以矩形左上角顶点为起点，在尺寸区域输入"15，2.5"，按下回车键，树干就完成啦。

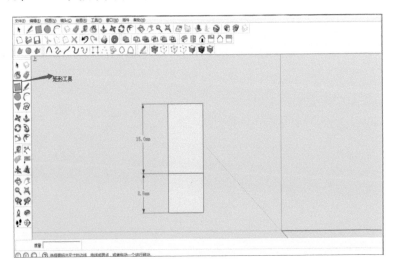

第二步：用【多边形工具 ▼】，以矩形上方任意一点为端点，在尺寸框内输入半径"9"，按下回车键，并用【擦除工具 🖊】擦除多余线条，就会得到下面的这个形状了。

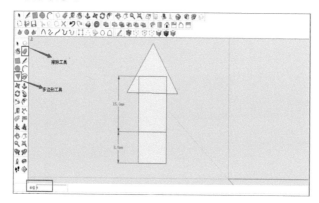

第三步：使用【多边形工具 ▼】沿着上个步骤的多边形的中心虚线向下移动，分别做出半径为"12mm、15mm"的多边形，同时用【擦除工具 🖊】擦除多余线条，就会得到小松树的雏形啦。

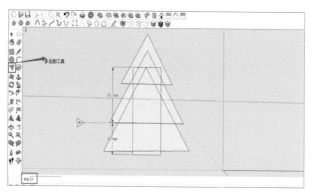

第四步：使用【擦除工具 🖊】擦除树干内的线条，小松树的平面图就做好了。

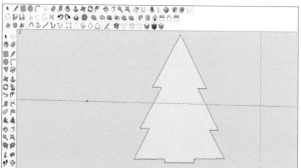

第五步：转换到【等轴角度 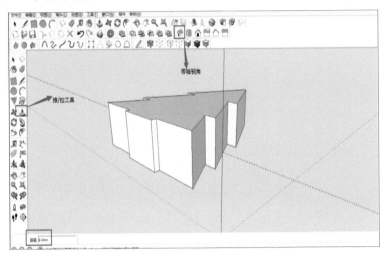】，选择【推/拉工具 】在尺寸框内输入"8.5"，按下回车键，小松树就完成了。

6. 大厦

我们做好了小房子、卡座和小松树，接下来让我们一起来筑建我们的大厦吧。

第一步：在【等轴角度 】下，使用【矩形工具 】和【推/拉工具 】做一个25mm×25mm×30mm的立方体。

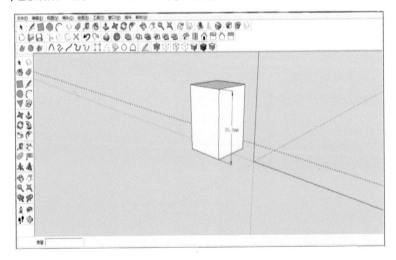

第二步：选定长方体右侧边，单击鼠标右键，拆分成10等份，用【线条工具 ✎】以10等分的端点为起点，做平行于底边的直线。

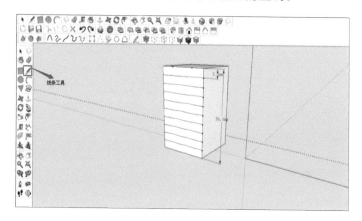

第三步：使用【偏移工具🖐】，把每个小矩形向内偏移。

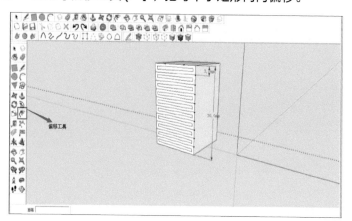

第四步：下面我们需要用到【推/拉工具👆】了，把下面的一个小矩形向外凸出，其余的都向内推。

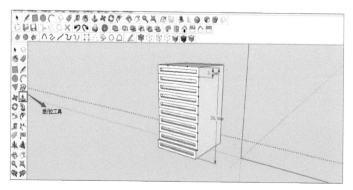

第五步：按住【环绕观察工具 ✥】，旋转模型，在长方体的右侧用【线条工具 ✏】做一个2.5mm×2.5mm的长方形，用【推/拉工具 ♣】使之向内推进2.5mm。

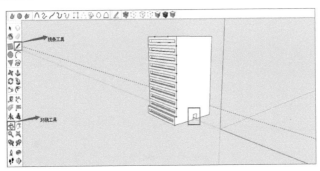

第六步：按住【环绕观察工具 ✥】，旋转到长方体顶部，选择【偏移工具 ☞】以此向内偏移4次。

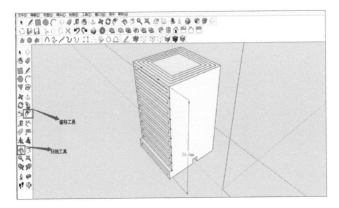

第七步：选择使用【推/拉工具 ♣】在尺寸框内输入"5"，使之向上推进5mm。

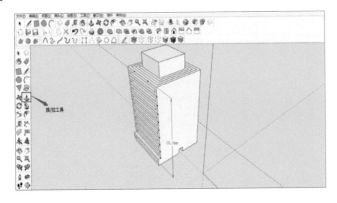

第八步：使用【推/拉工具 】，在尺寸框内输入"4"，使之向上推进4mm。

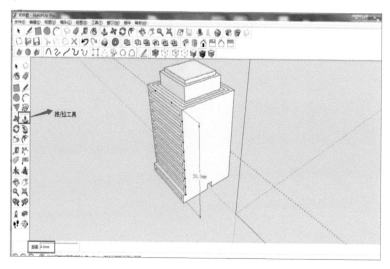

第九步：步骤同第八步，依次把第二层和第三层用【推/拉工具 】分别向上推进3mm和2mm，如下图所示。这样，我们的大厦就完工啦。

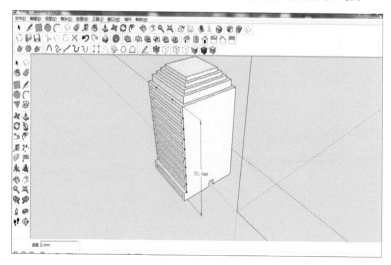

打印出来的建筑

三、城市的功能分区

城市由各种物质要素，如住宅楼、商业楼、医院、公园等，组成一个互相联系、布局合理的有机整体，为城市的各项活动创造良好的环境和条件。

住宅楼　　　　　　　　　　　商业楼

四、小小创客任务榜：我是城市建筑规划师

我们现在分为4个小组，每组6个人。然后每一个小组在下面20cm×20cm大的正方形中任意选择一个区域，每个区域又可以分为6个2.5cm×2.5cm小方格（如图中左下方所示），每个方格可以放一个设计，如小树、超市等。

开动自己的脑筋，看看在自己的小方格中放什么吧。

	住宅区		商业区	
小亭子	医院	河流		
小路	超市	树木	工业区	
←鲜花	马路	路灯		

20cm

2.5cm

20cm

大家完成任务了吗？完成以后，在下表记录自己的创作感受吧！（在有选项的地方打钩，没有选项的地方填写）

创客心路记录表			
创作体验感受	你对你的设计满意吗	你最喜欢谁的作品	课程内容全部学会了吗
非常赞	非常赞		融会贯通
可以更好	可以更好		基本知道
一般般	一般般		学会皮毛

认识3D打印机的结构

随着电子信息产业飞速发展，3D打印机渐渐步入我们的视角。3D打印是一个从无到有的过程，我们可以在短时间内看到产品完成，在深感3D打印神奇的同时，我们也在好奇3D打印机的工作原理以及结构组成。在本章节中，我们就以Panowin F1拼装3D打印机为例，来了解一下3D打印机的结构。

一、认识3D打印机的结构

Panowin F1拼装3D打印机属于桌面级FDM3D打印机。

3D打印机由滑台模块、打印喷头模块、打印平台、底板和靠板等几部分组成。如下图所示。

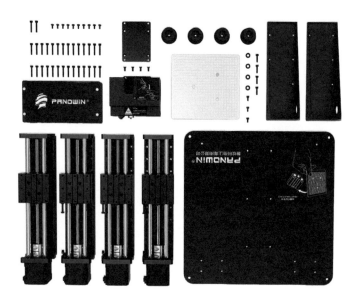

二、3D打印机搭建步骤

第一步：组装底板脚垫。

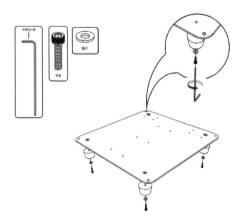

第二步：靠板安装。

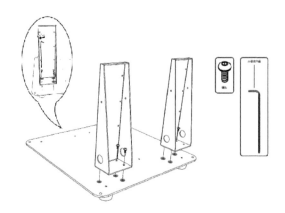

第三步：Z 轴滑台安装。

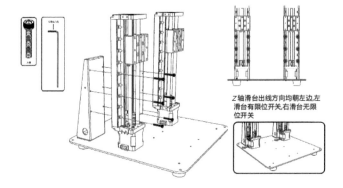

Z轴滑台出线方向均朝左边,左
滑台有限位开关,右滑台无限
位开关

第四步：Y 轴滑台安装。

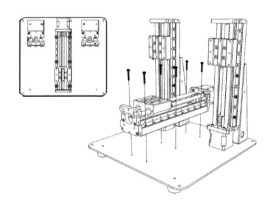

Y 轴滑台安装。

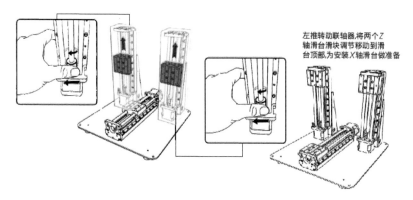

左推转动联轴器,将两个 Z
轴滑台滑块调节移动到滑
台顶部,为安装 X 轴滑台做准备

第五步: X 轴滑台安装。

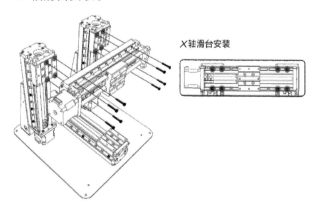

X 轴滑台安装

第六步: 喷头组装板安装。

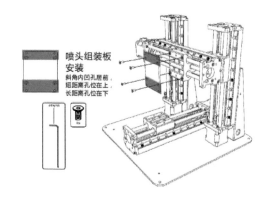

喷头组装板
安装
斜角内凹孔居前,
短距离孔位在上,
长距离孔位在下

第七步：打印喷头安装。

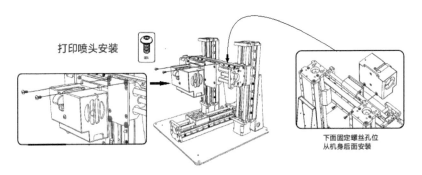

第八步：电路模块安装。

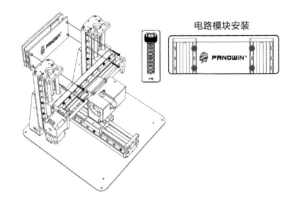

第九步：打印平台卡位螺丝安装。

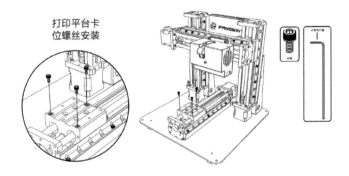

第十步：放置打印平台。

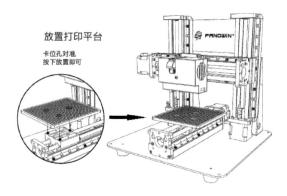

放置打印平台

卡位孔对准
按下放置即可

第十一步：电路模块插线组装。

电路模块插座相对应各部分运动模块介绍

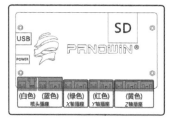
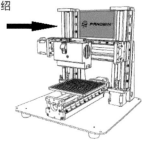

打印喷头模块插线

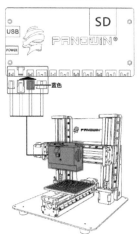

X轴滑台插线

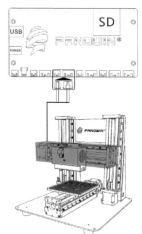

Y轴滑台插线

Z轴滑台插线

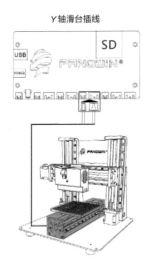

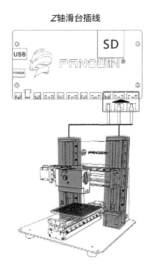

三、3D打印机的基本使用方法

第一步：装载连接。

第二步：打开软件切片软件（以Pango为例）。

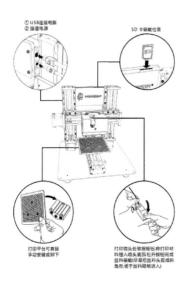

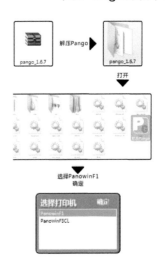

第三步：进入Pango-F1切片软件界面。　　**第四步：弹出F1电脑控制面板。**

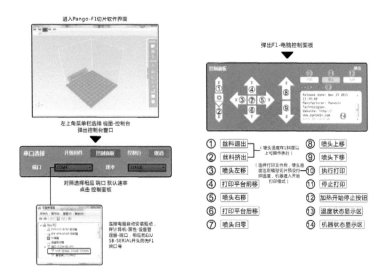

第五步：确认电脑与打印机正常连接。　　**第六步：确认打印平台和喷头无误。**

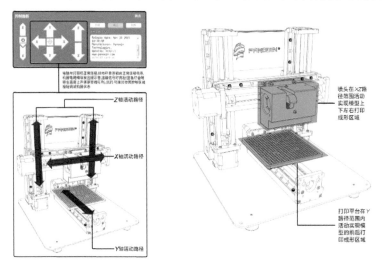

第七步：调整喷头和打印平台位置。　第八步：调试打印喷头出料状态。

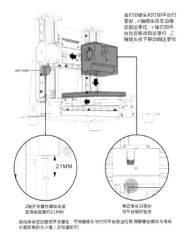

当打印喷头和打印平台回零时，X轴喷头往左边移动到达零位，Y轴打印平台往后移动到达零位，Z轴喷头往下移动到达零位

21MM

Z轴开关螺丝螺纹长度至滑块距离约21MM

保证喷头回零时与打印平台刚好贴合

其他滑块活动距离经开关螺丝，可根据喷头与打印平台适当位置，调整螺丝螺纹与滑块位置间隔的大小值（近似值即可）

当加热喷头温度至180℃以上，点击丝料挤出按钮，调试打印喷头出料状态，打印前必须保证喷头出料顺畅均匀

第九步：选择已经切片好的模型文件自动打印。　第十步：不连接电脑，用智能插卡开始打印。

点击打印按钮

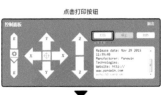

选择已经切片好的模型文件
点击确定
开始执行打印
如果模型打印时间较长,建议拔掉机器和电脑的数据连线，
电脑重启会影响机器正常打印
（由于加热需要时间，So…耐心等待）

打印过程中界面状态

需停止打印,可点击停止按钮,继续打印也可退出控制面板

可点击退出按钮回到Pango切片软件界面
执行其他模型的切片制作

四、Panowin搭载切片软件Pango 使用攻略

1. Pango简介

Pango是一款3D打印切片软件，具体功能包括：

（1）多线程切片技术：充分发挥硬件的计算能力，在主流多核PC机上可以提升切片速度2~5倍，提高用户交互性。

（2）撤消/重做功能：许多软件都有，用户使用很顺手的Ctrl+Z功能也被Pango引用。基于上面两点速度的提升，用户可以随心所欲地试错，迅速回退到之前任何一个操作步骤。

（3）支撑改进：Pango对支撑做了大量的改进，逐层比较、面支撑、专利技术蜂巢支撑™以及很多经验参数和方法的引入，使得几乎不用特别设置就可以单材料打印任何模型。

（4）模型库：自带本地模型库，为广大没有3D建模基础的用户提供了一键打印的解决方案。

（5）可编程控制台：作为打印机控制功能的扩展。控制台除了可以输入基础的gcode指令外，Pango的软件工程师特意给Pango的控制台加上的编程的功能。控制台支持Javascript语法，所有的gcode都进行了封装，程序员们可以充分发挥想象力，通过程序让打印机做任何事情。Write the code! Change the world!

（6）显示模型重心：模型打印出来后能不能站稳，可以在Pango中直接看到。

（7）pcode文件格式：二进制、自校验的打印代码格式。安全性提高的同时还节省一半的存储空间。

2. Pango界面展示

Pango的主界面如图所示，由以下几个元素组成：

①菜单栏：所有操作都可以通过菜单栏中的项目来实现，每一项都有对应的快捷键。

②信息栏：模型切片后可以显示看到切片信息，包括丝材长度、重量、打印时间。

③标识栏：每个载入的模型显示一个标识，字母为文件的首字符，颜色和模型一致。

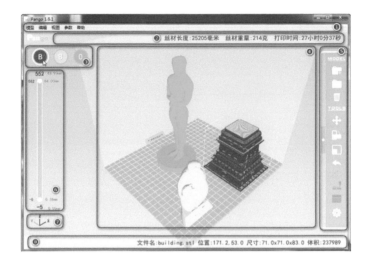

当软件正在处理模型时，对应标识符会显示进度百分比。

④主视图：一个打印平台，所有载入的模型会排列在平台上。

⑤工具栏：常用的工具选项。鼠标放在图标上时，下方状态栏会提示其功能。

依状态栏提示，有些工具按鼠标左右键会有不同的功能。

⑥标尺栏：切片后，可上下拖动顶端白色圆圈，预览切片效果。

⑦坐标轴：指示当前主视图平台的3个坐标轴方向可跟随主视图方向而变化。

⑧状态栏：左侧是FPS显示位置，右侧是基础信息显示。

3. Pango基本操作

（1）旋转模型：单击菜单栏"编辑-旋转"或者工具栏" "旋转按钮（快捷键Ctrl+A），打开三维旋转视图。

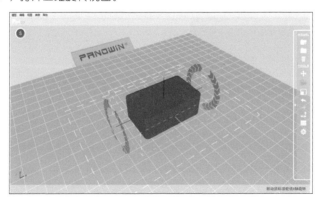

（2）重置位置（复位）：当对模型进行过复杂的旋转后，若对旋转结果不满意，可以单击菜单栏"编辑–重置位置"（快捷键Ctrl+C）按钮，将模型恢复到最初的姿态。

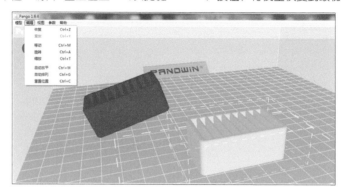

（3）尺寸缩放：选中需要缩放的模型，可以单击工具栏"　　　"　或者菜单栏"编辑–缩放"（快捷键Ctrl+T）按钮，修改缩放比例或直接修改模型尺寸（单位mm）。X轴、Y轴、Z轴前的□全部选择（自由选择）"√"，可对模型进行三维统一（单独）尺寸缩放。

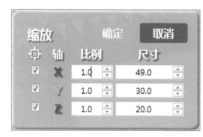

（4）摆放角度：为了充分利用FDM的成型特点，在摆放模型时，应当选择最佳的角度，尽量减少支撑区域，以便达到更好的打印效果。如下图所示的模型，有3种不同的摆放角度，选择第三种为最佳，此时模型无需添加支撑即可进行打印。

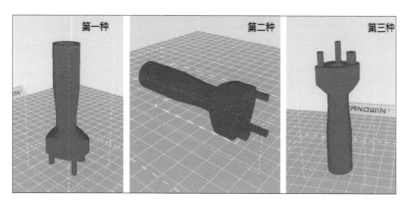

（5）添加支撑：首先需要理解为什么需要加支撑？我们先了解一个名词——垂悬结构，它是指模型沿Z向由低到高逐层向X或Y方向外扩形成的悬崖状结构。如下图所示。

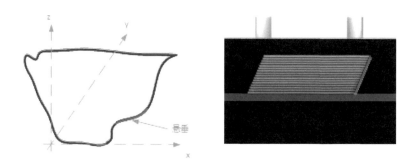

悬垂部位的外切面与水平面的夹角称为悬垂角度，用于定量描述模型向外扩展的陡峭程度。

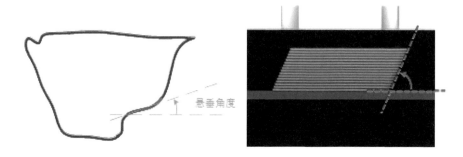

基于FDM逐层堆积的成型特点，当模型的悬垂角度较大时，通过材料的边缘支撑力可以形成无塌陷的悬垂结构。当模型的悬垂角度低于某个值时，就需要借助支撑结构来避免模型塌陷。

支撑结构与模型是一种弱粘连，这样在打印完成后方便手工去除。打开模型时可以根据垂悬状态选择是否添加支撑。

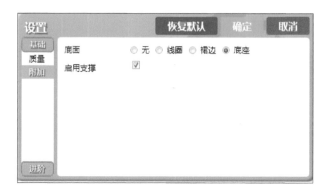

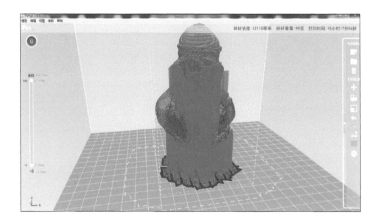

（6）底面类型：模型底面的作用是使模型底部更牢固地附着到打印平台上，防止打印过程中模型脱落。主要有3种类型。

线圈：底面为线圈时，在打印的时候会在模型外圆生成一定圈数的参考线；在打印完成后也不和模型黏合，具有速度快、模型底部完整的特点，为最常用的一种底面方式，能快速预览平台平整度，从而进行平台调节。

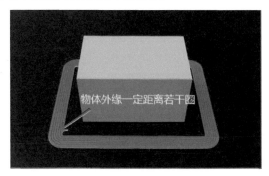

裙边：裙边是以模型最底层的边缘向外扩展若干圈绕线，并直接在打印平台上进行打印。采用裙边类型时，需要将平台调整到较为水平的状态。

底座:底座是在模型底部增加一个竹筏状的底座,其好处是通过多层材料的堆积,产生一个相对平整的附着面,再在上面打印模型,可以得到较好的模型底部。使用此项时,在喷头能挤出丝料附着在平台上时,则无需调平台。

底座为F1打印的最佳选择,符合F1打印特性。

模型切片完成,保存为pcode文件,并将此文件复制到SD卡里,就可以进行3D打印了。